U0948011

掌控情绪的金钥匙

邢桂平 编著

中国财富出版社

图书在版编目（CIP）数据

掌控情绪的金钥匙 / 邢桂平编著. —北京：中国财富出版社，2014.3
ISBN 978-7-5047-4116-5

Ⅰ. ①掌… Ⅱ. ①邢… Ⅲ. ①情绪－自我控制－通俗读物
Ⅳ. ①B842.6-49

中国版本图书馆CIP数据核字(2011)第275216号

策划编辑 刘天一　　责任印制 何崇杭
责任编辑 杨银旗 张　娟　　责任校对 饶莉莉

出版发行 中国财富出版社
地　　址 北京市丰台区南四环西路188号5区20楼　　邮政编码 100070
电　　话 010－52227568（发行部）　　010－52227588 转 307（总编室）
010－68589540（读者服务部）　　010－52227588 转 305（质检部）
网　　址 http：//www.cfpress.com.cn
经　　销 新华书店
印　　刷 北京京都六环印刷厂
书　　号 ISBN 978-7-5047-4116-5 / B·0381
开　　本 710mm×1000mm 1/16　　版　　次 2014年3月第1版
印　　张 12.25　　印　　次 2014年3月第1次印刷
字　　数 194千字　　定　　价 28.00元

版权所有·侵权必究·印装差错·负责调换

前言

俄国著名文学家列夫·托尔斯泰曾经在他的代表作《战争与和平》中这样说过："面对危险的迫切，人类灵魂中总有势均力敌的两种声音：一种很合理地教人考虑危险的性质和避免危险的方法；另一种则更合理地说，考虑危险太令人丧气和痛苦了，因为预见一切和回避大势不在人类能力之内，所以在痛苦的事到来以前还是不去管它而去想愉快的事好。"可以看出，前一种声音展现出来的是一种紧张、恐惧、焦虑的情绪，而从后一种声音中我们则能够看到更多愉悦的成分。这两种声音共同构成了我们内心负面和正面的情绪。

美国心理学界在对"情绪管理"的研究中指出，情绪与成功紧密相连，能否控制情绪是决定一个人成败的关键因素。情绪时刻影响着人们的生活：好情绪让人心情舒畅、身体健康、事业顺利、家庭和睦；坏情绪引发各种身心疾病、影响人际交往、阻碍事业的发展。有知名人士指出：21世纪的新型人才已经不是单纯的能力型人才，而是具备良好心理素质、能够控制自我情绪的综合型人才。

社会学家也指出，社会越进步，经济越发达，人们所遭受的心理压力就越大，强大的压力使得人们心情糟糕，从而导致情绪的控制能力越来越差。情绪又反过来影响人们的心情，造成更大的心理压力。这就形成了一个恶性循环，久而久之，人们就会在强大的压力面前倒下。这不是骇人听闻。现实生活中，有多少人为无法掌控自己的情绪而苦恼，又有多少人因情绪严重影响了自己的工作和生活，甚至造成不可挽回的损失，可见控制情绪之重要。

世上有很多人总是哀叹命运，抱怨自己是个不快乐的人，他们把自己困在"不快乐"的泥淖中。心情不佳，是他们自己没有找到那把打开自己情绪的"金钥匙"。事实上，每个人手里都握着一把情绪的"钥匙"，只是很多人没有看到它，没有找到打开情绪之“锁”的方法。情绪是可以控制的，只要摸清情绪的规律，掌握控制它的方法，就能避开坏情绪的影响。

学会掌控情绪已经成了21世纪的时代要求。本书正是出于这个目的而编写，旨在揭开情绪的面纱，认识它的本质，并告诉人们一些掌控情绪的方式、方法和途径。本书参阅了大量心理学同类书籍，并结合现实生活中的具体问题给出切实可行的方法，从认识情绪入手，到如何掌控情绪，拥有一个快乐成功的人生，都采用理论和方法相结合的方式进行阐述，让人们不仅增加了心理学知识，更重要的是可以在实际生活中加以应用。

本书在创作过程中，以下人员参与了创作工作，他们是：于松伟、吴会朝、于书红、张利娟、王博、李远琛、冯金辉、李勇华、吴建军、李海良、李跃芬、曹国辉、吴会霞、张东东、孙智国、齐红、马新科。

在此，对他们的付出深表谢意！

编　者

2011年12月

目录

Part 1

情绪也能决定命运

认识情绪的惊人力量

每个人都有七情六欲，所谓七情，指的就是喜、怒、忧、思、悲、恐、惊，这七种情感初步构成了我们的情绪框架，只要加以血肉就成了鲜活的人。那么何为情绪呢？简单来说，情绪是指身体对行为成功的可能性乃至必然性在生理反应上的评价和体验。

从情绪的概念来看，情绪自产生伊始便与行为有着密不可分的关系。一切喜怒哀乐都会通过一定的行为过程影响一个人的命运，而情绪一旦产生便能爆发出惊人的力量。英国学者伦布朗说："情绪是人类所有活动背后最直接的动力。"可见，无论是"欢声笑语"还是"哭天抢地"，一切的情绪都在决定着你的命运。

因此，要想做命运的主人，就需要认清情绪对一个人所产生的巨大影响力，并进而实现情绪的良好管理，实现个人的不断发展和突破。

成也情绪，败也情绪

普通心理学认为："情绪是指伴随着认知和意识过程产生的对外界事物的态度，是对客观事物和主体需求之间关系的反应，是以个体的愿望和需要为中介的一种心理活动。"从情绪的定义中我们可以看出，情绪反映的不是客观事物本身，而是具有一定需要的主体和客体之间的关系，包含喜怒哀乐在内的主体往往对客体产生重要的影响。

通常情况下，一个人情绪好坏不同，对自我的认识和评定也不同。当心情低落时，很容易只看到自身的缺陷和不足，继而自暴自弃，坠入失败的深渊不能自拔；而当情绪高涨时，便不再那么忧心忡忡，坚信自己能做得更好，同时也会正确地看待他人和自己，将人与人之间的横向比较转化为与自己过去相比的纵向比较。在比较的过程中会感到精神为之振奋，行为也会变得越发积极起来，这样更能走进成功的殿堂。

一个人情绪的好坏还直接影响着这个人的精神面貌，也影响着他做事的成败。如内心平和、喜悦，就很容易拥有乐观向上、积极果断、活力无限的精神面貌，有无限的动力去努力，这样便有十分的把握将事情做好；如内心充满愤怒、焦虑等不良情绪，将会变得意志消沉、无所事事、畏缩后退，让人难以发挥出全部的力量，这样就可能只有三分的把握将事情做好了。可见情绪的好坏对于一个人的成败具有决定性的影响，可谓是成也情绪，败也情绪。

情绪对一个人成败的影响，主要通过以下几个方面体现出来：

● 诱发行为动机

心理学普遍认为动机是引发个体行为的内在动力，适当的喜悦情绪可以使一个人的身心处于最佳状态，推动事情的有效进行。相反，在焦虑、愤怒、忧伤情绪的作用下，一个人的精神状况将大大受到影响，从而阻碍自身创造力的发挥，甚至左右其未来的命运。

● 情绪具有传递信息的功能

许多情况下，人与人之间的思想、观念、态度等都"只可意会，不可言传”，这里所说的“意会”指的便是情绪传递信息的功能。微笑能传达出对他人满意或赞赏的信息；悲伤多伴随着一个人对失去某件事物的惋惜；愤怒则表达出了一个人对某些人或物的否定。所有的这些都表明情绪具有传递信息的功能。正是通过这些信息的传递，人与人之间的沟通才会显得更加完整、真实。

● **情绪的累积效应**

奥地利心理学家阿德勒曾经提出了著名的“情绪平方定律”。该定律认为，引起一个人产生某种情绪的实践如果在一段时间内重复发生，就会对情绪产生巨大的累积效应，这种累积不是以算术的方式累积，而是呈几何式累积。例如在日常生活中，一旦做错了某件事，你便很容易产生郁闷的情绪，假定此时你的“郁闷指数”为5，而当这些失误重复两次后，你的“郁闷指数”便不是5×3=15，而是5×5×5=125。可见，情绪的累积效应是惊人的。

● **情绪好坏影响身心健康**

一般情况下，适度的紧张情绪可以调动一个人机体的潜能，能够诱发其积极性，但长期的紧张情绪如果得不到释放就会引起心理和生理的异常反应及全身症状。如焦虑和不安会使人产生失眠、多梦、神经衰弱、食欲不振等症状；而愤怒、忧伤会引发肝、肺、脾等内脏的病变；恐惧则可能引起心脏疾病等。

【快乐之声】

好情绪可以使你的精神、体力、创造力处于最佳状态，你便可以身心健康，事业顺利，家庭和睦。一份喜悦的心情能够化干戈为玉帛，化疾病为健康，化腐朽为神奇。

而坏情绪则能毁掉你用一砖一瓦堆砌起来的乐观与自信，使你的面前呈现一片黑暗。当恐惧、愤怒和焦虑向你袭来时，你的工作、家庭、社交都将产生不协调的因素。缺乏好心情，任由愤怒、忧虑、烦躁、忧伤、恐惧占据你的内心，那么成功的事业、滚滚的财源、和睦的家庭、真挚的友情将与你无缘，你的人生也将一片黯淡。

鉴于情绪的好坏对一个人的成败有如此巨大的影响，因此我们在情绪低落时便不宜做出重要的决定，因为此时我们的分析力、理解力、判断力都处于低谷，异于往常。只有当情绪处于正常状态时，我们才能进行细致、周密的思考，从而收获满意的结果。

情绪与行为的ABC机制

美国著名心理学家埃利斯在20世纪50年代曾经提出了著名的“情绪ABC机制”，其具体内容为：生活中每一个个体都会遇到一些诱发性事件（Activating events），个体在这些诱发性事件的作用下会产生一些信念（Beliefs），也就是对事件的看法和解释，这些对事件的看法和解释一旦形成，便会导致相应的情绪和行为的结果（Consequences）。在该理论中，A表示诱发性事件，B表示个体因诱发性事件而产生的信念，C表示自己的情绪和行为产生的结果。

一般情况下，人们很容易认为C是由A直接造成的，发生了什么事就会引起什么情绪体验。然而在现实中我们却会遇到这样的问题：两个人同时参加考试，考题完全一致，两个人都没及格，但其中一个表现得无所谓，而另一个人却伤心欲绝。为什么面对同样的场景，不同的人会产生不同的情绪呢？其原因就在于在诱发事件A与情绪、行为结果C之间还有一个B。由于学识和经历等方面的差异，不同的人面对同一件事情如诱发性事件，往往会产生不同的认识和信念，于是不同的B便会带来大相径庭的C。

为了更好地理解这一理论，我们可以先看以下两个案例：

案例一：

“石油大王”洛克菲勒曾经因一件小事而被人告上法庭。在庭审过程中，对方律师拿出一封信问洛克菲勒：“我们曾给你写了一封信，你收到了吗？你回信了吗？”

洛克菲勒说自己收到了但没有回信，而那位律师听到如此回答后，内心有些不悦。接着，对方律师又拿出一大叠信封，并逐一询问洛克菲勒。这时，洛克菲勒只要稍微露出一丝的紧张和不安，便掉进了对方的圈套。从容镇定的洛克菲勒没有留给对方任何机会，面对询问，他每次都以相同的表情、相同的答案来应对。

最终，律师变得气急败坏，控制不住自己的情绪，暴跳如雷咒骂起洛克菲勒，这一发怒，律师便乱了自己的章法。结果，法庭宣布洛克菲勒胜诉。

案例二：

世界著名男高音歌唱家帕瓦罗蒂经常外出演出。有一次，他住进了一家旅馆，晚上睡觉前隔壁的婴儿总是一直大哭不停，让他实在难以入睡，想到明天的演出他更是愤怒。

一开始，帕瓦罗蒂准备将服务员叫来换房间，但突然大脑灵光闪现：婴儿的哭声与自己的歌唱不正是很相似吗？他仔细分析了一下，发现婴儿虽然连续哭了一个小时，但声音依然比较嘹亮，没有丝毫沙哑的迹象。他感到自己似乎能从婴儿的哭喊声中学习到一些东西，于是决定躺在床上倾听婴儿的哭声。

就这样，帕瓦罗蒂边倾听边琢磨，等到天亮时，他终于从婴儿时断时续的啼哭声中悟出了发声的技巧。

在第一个故事中，我们可以看出整个诉讼过程包含了以下三个阶段：①面对律师的询问，洛克菲勒表现得从容镇定；②面对着洛克菲勒的表现，律师认为自己受到了某种侮辱；③律师因感觉受辱而愤怒异常，引起情绪上的波动，并进而影响自己的判断，导致失败。从这里面我们可以看出情绪对行为的影响作用，这种作用在心理学上鲜明地验证了情绪ABC理论。

在第二个故事中，虽然帕瓦罗蒂未必知晓情绪ABC理论，但在日常生活中，他还是无意中运用到了该理论。在这件小事中，首先他半夜听到隔壁婴儿啼哭，这便是诱发性事件A；接着他一开始认为婴儿的哭声为噪声，但后来又将其视为一种学习发声技巧的声音，这便是信念B；最后，他从婴儿的哭声中学到了发声的技巧，这便是结果C。

情绪ABC理论在生活中影响深远，最明显的便是使人产生情绪化行为。所谓情绪化行为，是指一个人在特定的情绪作用下所产生的特定的行为。一般而言，人的情绪化行为主要有以下几个特点。

● **行动缺乏理智**

喜欢“跟着情绪走”，缺乏独立思考，显得不够成熟，容易依赖他人。

● **容易冲动**

遇到任何不开心的事情，就像一个打足了气的皮球一样，立即爆发出来，表现为捶胸顿足，常常带来某种破坏性后果。

● **行为多变**

不稳定、喜怒无常，给人一种捉摸不定的感觉。

● **富有攻击性**

将遇到的挫折和坎坷以愤怒的情绪表现出来，从而向他人发起攻击，或拳打脚踢，或讽刺挖苦，给人难堪。

【快乐之声】

综上所述，情绪的ABC机制阐述的正是情绪对行为的影响作用。在这个理论框架下，情绪并非直接决定我们每个人的一举一动，而是通过信念（Beliefs）间接影响我们的行动。懂得了这个道理，我们就可以从源头上阻断影响我们行为的各种不良情绪，重新享受人生的幸福与成功。

行为也能决定情绪

情绪总是通过各种途径影响我们的行为，如前面提到的情绪的ABC机制，面临同样的事实，不同的人由于所处的环境和所受的教育不同而产生不同的情绪，进而产生不同的行为。既然情绪能够决定行为，那么反过来，行为是否也能决定情绪呢？答案当然是肯定的。

美国心理学家威廉·詹姆士和丹麦心理学家卡尔·兰格曾经在1884年和1885年不约而同地发表了一种学说，认为情绪也能由行为来决定，后来这种学说被后人称为詹姆士－兰格情绪学说。该学说认为：情绪的主观体验只是情绪的生理变化的原因，而情绪的生理变化才是影响情绪的心理状态的原因。简单来说，不是我们的心理变化引起了身体变化，恰恰相反，正是由于我们的身体活动才导致了与之相应的情绪的产生。举例来说就是，一般人认为先害怕后逃跑，但詹姆士情绪学说却认为正是由于我们逃跑才引起了内心的恐惧。

兰格的观点与詹姆士相近，不过他更着重于从生理机制上来阐述这一理论。兰格认为，由感觉器官到大脑皮层只是一种认识的过程，由此引起的一系列的生理变化通过神经传回大脑后才导致了情绪的产生。也就是说，情绪的体验或情绪的意识只是一团混乱的肌肉感觉和内脏感觉，这也就从根本上解释了詹姆士“先跑后怕”的说法。

梁金雄是公司客户部的经理，平时主要负责一些联系客户的相关事宜。一天，老板吩咐他去一家大公司进行一次非常关键的客户拜访。临行前，老板千叮咛万嘱咐，此次的拜访活动对公司意义重大，关系到公司全年任务的完成，只许成功，不许失败。

在出发的前一天，梁金雄的内心千头万绪，有些紧张和焦虑。经过仔细斟酌，他决定找好友王涛一起外出聚餐，以此来消除自己紧张的神经。在餐桌上，梁金雄提起了拜访客户的事，谁知王涛无意间说了句：“你那个客户啊，我看你还是不要去拜访了，离家那么远，为什么不让别人去？你都被老板耍了！”

王涛的一席话令梁金雄有些不悦，本来他准备反驳的，但一想到如此下去很有可能辩论个没完没了，况且明天还要保持一个好的心情，于是就转移话题，称赞朋友身上的名贵手表和高档手机。这一说，王涛的注意力也被拉了过来，对拜访客户的事只字不提，两人的谈话在轻松愉快中结束。

经过一系列的准备活动，梁金雄逐渐控制住自己的情绪，将紧张、焦虑、恐惧等不良情绪一扫而光。第二天，他带着愉悦的心情拜见了公司的客户，成功地签下一单大生意，为公司创造了效益，受到了老板的赞赏。

从这则案例中我们可以看出，梁金雄为了确保与客户成功签约，需要保持一个良好的心情。而为了能够调节自己的情绪，他首先调节自己的行为，有意识地将话题转移他处，所以没有影响到自己的主观思想。选择找朋友闲谈而不是埋头书案，为的是缓解紧张的神经，消除焦躁情绪；面对朋友的不当言辞，他没有前去争辩，而是转移话题，为的是平息内心的愤怒情绪。可以说，他正是由于通过积极主动的行为成功地控制了自己的情绪，才使得与客户洽谈时显得轻松自如、从容以对。

【快乐之声】

从詹姆士—兰格情绪学说中我们可以得知，多数情况下生活上的不幸不是由我们内心的消极情绪造成的，而是我们采取的消极行为引发了消极的情绪。行为能够决定情绪，而在情绪的ABC机制中，情绪又能决定行为，可见，情绪与行为是相互制约的，或者说情绪就是行为互动的媒介，用公式表示就是：行为→情绪→行为。这就决定了我们可以通过一定的行动控制自己的情绪，并通过情绪化行为的作用进而决定最终的命运。

既然行为能够支配情绪，这也就决定了我们可以发挥主观能动性来控制自己的情绪。当我们采取积极的行动扫除掉内心的恐惧、悲伤、忧郁、焦虑等不良情绪并培养其喜悦、开心等良好的情绪后，相信我们的工作和生活会不断收获美满和幸福。

情绪产生的根源

情绪无时无刻不与我们相伴，无论是悲天悯人还是欢天喜地。在日常生活中，我们的一言一行都在影响着情绪；反之，我们的喜怒哀乐也在不停地影响着自己的言行举止。既然情绪如此与人类息息相关，那么情绪到底是如何产生的呢？

很长一段时间以来，众多心理学家都对情绪产生的根源进行过深入的研究。探究情绪的产生机理，我们首先要弄清楚情绪的本质。心理学家认为，情绪表现为人们对于外界事物的一种认知和意识，是对客观事物和主体需求之间关系的反应，是以个体的愿望和需要为中介的一种心理活动。简言之，情绪就是我们的身心受到某种刺激后所产生的一种激动的状态，这种激动包括所有的喜怒哀乐。既然情绪表现为一种受刺激后的激动状态，那么现实中哪些因素能够刺激我们产生情绪呢？具体来说，主要有以下几个方面。

● 工作和生活的变动

无论升迁还是下调，工作上的变动都会对我们的情绪造成一定的影响。升职时，喜悦之情则会充满我们的内心，而降职或有降职前兆时，我们则会感到抑郁、烦躁甚至忧伤、愤怒。除了较大的工作变动，一些工作细节上的微小变化也会导致我们的情绪波澜起伏。如准备参加一项重要会议，却突然发现笔记本电脑没电了，自己精心准备的PPT无法展示，此时我们的情绪一定紧张异常。

除了工作变动的影响，生活上的变化也直接影响着我们的情绪。如结婚、乔迁、中奖、失业、失恋、生病等，这些事件可能会使我们面对跟以往完全不同的生活环境或周边事物，从而引起我们内心的喜悦或忧伤。

● 自然事件的发生

现实生活中自然事件的发生，如春风拂面、地震海啸等都会给我们带来情绪上的改变。每当一场春雨过后，嗅着清新的泥土味和小草芳香的气息，我们的心情必定会焕然一新。而面对自然灾害等非人力所能控制的重大事件，则会给每一位当事人造成一定的心灵创伤，引发不良情绪。

● 社会性因素的影响

社会生活的影响也会引起我们内心的喜怒哀乐。如房价问题、食品安全问题、日常消费品的价格问题、医疗问题、教育问题、环境问题等，这些现象的存在不仅是科技教育上的问题，而且也是我们自己心理上的问题。这些问题或直接或间接，都能导致我们内心情绪的产生。

情绪之所以产生，除了以上的三个因素的影响外，还跟我们日常处理事情的方式有关。

长期致力于研究身心成长的作家张德芬女士曾说过，能引发一个人产生情绪的只有三件事：自己的事，别人的事，老天的事。

所谓“自己的事”，就是指所有自己能安排的事，如吃什么饭，选择什么样的工作，是否要助人为乐等；

所谓“别人的事”是指别人主导的事情，如同事婚姻不幸福，朋友对自己不满意，帮助别人却不被感激等；

所谓“老天的事”，是指非人力所能及的事，如狂风暴雨、山崩海啸等。

通常，我们之所以有时会情绪异常、烦恼缠身，主要在于我们“忘了自己的事，爱管别人的事，担心老天的事”。而保持良好心情的秘诀就是：打理好“自己的事”，不去管“别人的事”，不操心“老天的事”。具体来说，你需要做到以下几点。

● 打理好“自己的事”

就是对于那些在自己支配范围之内的事，要去认真打理。其原因在于，许多情况下悲伤和愤怒并非来源于外界，而是来自于我们的内心，懂得管理好自己的内心，打理好自己的事情，方能摒除一切外物的干扰，时刻保持一份愉悦的心情。

● 不去管“他人的事”

就是凡事能够学会放下，远离那些本不属于自己的是是非非。因为一切的矛盾与争执都会让我们难以有一个良好的情绪，让愤怒蒙蔽了双眼，让愉悦离我们远去。总想插手别人的事，对别人说三道四，结果便很容易引来无尽的烦恼和愤怒。这就要求我们，对于他人的闲事，该放则放，尽量远离是非。

● **不操心“老天的事”**

我们不应整日为沧海桑田而唉声叹气、怨天尤人。因为大自然总是变幻莫测，而这种变化是非个人能力所左右的，与其对大自然的风云变幻焦虑、忧伤，不如振作精神，坦然面对新的一天。

【快乐之声】

从张德芬女士的理论中，我们可以得知，好情绪的标准就是内心快乐，想要获得快乐的心情，我们就需要通过积极的行动去努力争取。而无论是行动的对象抑或是主体，归根结底只有我们自己，这也是打理好“自己的事”的精髓。

认识情绪的“波纹效应”

许多上班族都有这样的经历，本来大家都在办公室中认真工作，突然有人说了一句“工作真烦啊”，结果“一石激起千层浪”，其他的员工也都跟着抱怨起来，很快，整个公司变得怨声载道。事实上，不仅在工作中，在现实生活的各个角落，这种“一呼百应”的传染效应都非常普遍，在心理学上被称为“波纹效应”。这就如同在平静的湖水中扔一块石子，激起的波纹一圈圈地不断扩散。水池中的波纹由于受到风和水的阻力，最终会趋于平静，然而现实生活中的“波纹”却能够一层一层地向外传播，影响深远且不易消失。

可以看出，“波纹效应”在心理学上主要展现为一种情绪的传染效应。这种传染，有好也有坏。将愉悦的心情与大家共分享，你所激起的快乐的涟漪便很容易传播到远方；将焦虑和悲伤展现给他人，很短的时间内，你的消极情绪就很可能传遍身边的每一个人。

情绪在通过“波纹效应”传染的过程中会展现出巨大的威力。心理学家经过研究后发现，在人际交往中，一个人所表露出来的情绪状态将会给对方造成重要影响，快乐的情绪可以传递给对方良好的信息；悲伤的情绪则会传递给对方负面的信息。美国哈佛大学教授克里斯塔基斯和加州大学圣迭戈分校教授福勒在研究中指出，正面情绪的感染力是惊人的。假如一开始你一个人感到快乐，那么经过一段时间的家庭和社会生活后，你的兄弟姐妹和朋友感到快乐的概率分别上升了14%和9%。此外，美国洛杉矶大学医学院的心理学家加利·斯梅尔曾经做过这样一个实验：一个心情愉悦的人被安排与整天愁眉苦脸的人住在一起，半个小时后，这名愉悦者也会变得忧伤起来。事实上，斯梅尔在后续展开的实验中更明确地指出，最短只需20分钟就可以使一个人受到他人情绪的传染。同时他还强调，传染所需时间的长短与被传染者的性格有关，一个性格敏感且富有同情心的人更容易感染上坏情绪。

无论是充满喜悦与快乐的正面情绪，抑或是不满、忧郁与悲伤的负面情绪，都会受到“波纹效应”的影响。然而相对于正面情绪而言，负面情绪往往具有更大的传染力。这就要求我们具有良好的情绪调节能力，在与人交往时多一些微笑，少一些抑郁，给对方留下良好的第一印象，为自己的工作和生活打下良好的开局。

黄国伟是公司销售部的主管。有一次，他因为上班迟到而被老板严厉地批评了一番，从办公室一出来，他内心就愤愤不平："仅仅迟到了两分钟而已，竟然要扣我奖金，这分明是跟我过不去嘛！"

正当他低声喋喋不休地抱怨时，下属姚丽走了过来。满腹怨气的黄国伟终于找到了出气桶。他向姚丽询问上周的工作进展，由于任务尚未完成，姚丽说话显得吞吞吐吐。看到她说话支支吾吾的样子，黄国伟发怒了："这么说你还没完成？你怎么做的？都多长时间了？三天之后要是还完成不了，你也就不用在公司待了。"

姚丽一听内心也冒出一股怨气，心想："你一个部门经理凭什么解雇我？我在公司任劳任怨，累死累活地工作，我得到什么了？今天竟然因为一点小事就要炒我鱿鱼，这不是欺负老实人吗？"回到家后，姚丽内心的怒火还没消散。当她看到儿子坐在电视机前打游戏时，便上前严厉地批评了一番，把儿子赶到了他自己的房间。儿子无端被批评一顿，心里很不是滋味，再回到卧室，看到平时心爱的宠物狗旺旺躺在床上，便一脚将其踢了下来。受了惊的旺旺跑到街上，见人就咬，结果正巧咬到了下班回家的一位邻居，邻居生气地与姚丽争吵，姚丽憋了一肚子闷气，回到家便和老公吵起了架。

在这个故事中，我们可以看出，黄国伟自从上班迟到被老板训话之后便产生了愤怒、烦躁等不良情绪，这种情绪通过“波纹效应”在不同人之间传染，最后又奇迹般地回到自己身上，给自己引来了麻烦。可见，情绪尤其是不良情绪的感染力是惊人的。

正面情绪通过“波纹效应”的传导，有利于一个人的身心健康。与那些笑口常开的人交流，我们也能变得心情愉悦。很多情况下，快乐就是这样被一直传递下去的。负面情绪通过“波纹效应”的传染，则会对一个人的身心产生不良影响。

要想杜绝不良情绪的扩散，我们就需要从根源上对坏情绪进行遏制。具体方法是学会自我暗示，用“我最棒”、“我是坚强的”等话语激励自己。有时引起你情绪不好的因素很难排除，这时你需要尝试着先接受，之后再进行暗示调节。采用这种方法并长期坚持下去，你的情绪将会大为改观。

【快乐之声】

懂了情绪的“波纹效应”，我们就要注意不要随意流露不良情绪。一般情况下，适当地发泄一下自己的情绪有利于心理重新获得平衡。然而不分时间、地点随意发泄自己的情绪则有欠妥当。在公众场合，不应当只为了自己一时的痛快而置他人的感受于不顾。你应该学会克制自己，一味地将别人作为自己的出气筒，不仅会引起别人的反感，同时也使自己的生活变成一团乱麻。

除了从源头上消除不良情绪外，你还要注意在平时的人际交往中与那些悲伤忧郁、焦虑烦躁的人划清界限，对于那些整日怨气冲天的人要敬而远之，避免染上他们的不良情绪。你可以选择多与那些心情愉悦、时常笑容满面的人接触，将他们的良好情绪“传输”给自己，从而享受生活的幸福与快乐。

良好的情绪管理是个人发展的助推器

生活中许多人都听过音乐会，无论是在现场抑或是在荧屏上，当你将身心投入一部美好的交响乐中时，你会听到和谐、美丽的音乐，这音乐胜过各部分的总和。在乐队中，精巧的小提琴透露出悠扬的旋律，朴实的大提琴奏出深沉悦耳的篇章，除此之外，活泼的长笛、热情的小号、优雅的单簧管，全都能演奏出美妙的音乐。在明确的分工与合作中，一部沁人心脾的交响乐应运而生。

每个人内心中的正面情绪诸如喜悦、快乐等，都犹如乐队中的乐器。乐队分工合作，彼此协调，方能创造出生命的乐章；情绪管理得当，你才能心情舒畅、精神抖擞。将你的情绪管理得井井有条，一旦你开始弹奏一首旋律，内心中其他情绪乐器就会迫不及待要加入，一起协同作战，共创华丽诗篇。

著名作家肯·布兰佳尔说：“你可能每天只用一分钟来管理自己的情绪，换回来的却是高效的工作和幸福的人生。”弗洛伊德说：“学习掌握自己的情绪是成为文明人的基础。”戴尔·卡耐基说：“学会控制情绪是我们成功和快乐的要诀”、“微笑，昂首阔步，做深呼吸，嘴里哼着歌儿。倘使你不会唱歌，吹吹口哨或用鼻子哼一哼也可。如此一来，你想让自己烦恼都不可能”。这里所说的“哼着歌儿”、“吹口哨”就是一种管理情绪的有效方式。

有人说，情绪是集天使与魔鬼于一身的产物，妥善管理，我们的事业与生活就会锦上添花；管理得差，我们的事业与生活就会濒临险境。一个人一生的成败就取决于如何管理自己的情绪，当我们不断地利用各种各样的技巧来处理和管理自己的情绪时，我们对自己的认知程度就会一步步提高，我们对各种问题的处理能力也会一步步加强，我们与成功之间的距离也会一步步地接近。

江海是一家外贸公司的业务部经理，由于金融危机的影响，公司的效益急剧下滑，包括江海在内的所有员工的收入都受到了影响。

正当江海为自己的工作而忙碌奔波时，一位朋友打电话来向他讨债。原来，江海曾经因为经济拮据向朋友借过两万元钱，如今朋友正当他手头紧的时候催债，让江海左右为难。江海请朋友宽限几天，但朋友也急着用钱，予以拒绝。江海苦口婆心地向朋友解释自己的难处，但朋友不理解，反而认为他是借故拖延，并且表现得愤怒异常。

朋友看到江海实在拿不出钱，就变得气急败坏、暴跳如雷，当面与江海撕破脸皮，咒骂他无情无义。然而江海却表现得十分平静，没有选择与朋友对骂，而是默不作声地坐在椅子上面带微笑着“观看”起来，无论朋友如何愤怒，他始终投之以微笑。

看到江海一声不响地坐在那里，朋友便认为对方肯定是无话可说了，于是变本加厉，最后甚至搬起凳子向地上砸去，然而江海仍一如既往地做他的“看客”。最后朋友终于忍不住笑了出来：“我真服了你了，你倒是说句话呀？”就这样，江海凭借着自己的微笑化解了朋友的愤怒，两人冰释前嫌，和好如初。

从这则故事中，我们可以看出江海在整个冲突中展现出了良好的情绪管理能力。面对朋友的咆哮，他安然不动，始终面带微笑，流露出一种愉悦的心情。最终，他凭借着自己的喜悦战胜了朋友的愤怒，不能不说是一种成功。

心理学上认为，一个善于管理情绪的人常常能够获得以下的好处。

● **注意力和专注度的拓展及深化**

当你一味地感受负面情绪时，往往“只见树木不见森林”，正面的情绪可以使你的注意力和焦点都得到拓宽和深化。

● **拓展思维模式**

保持正面的情绪，你就会看到世界上更多的互相关联，在思考问题时，你的头脑将会变得更加灵活，有更多关联和整合。将所有的这一切加以融会贯通，你就会达成创新思维的巨大增长。

● 保持良好的家庭关系

一般而言，心情郁闷、整日怨声载道的家庭关系其结果是可预测的，而快乐的家庭则以更加自然的方式生活。与家庭成员快乐相处所建立起来的正面情绪能有效地化解矛盾与冲突。

【快乐之声】

一个人每时每刻都在受情绪的影响，若不能恰当地处理与调动自己的情绪，那么，情绪将会不断侵蚀我们的灵魂，给我们的工作和生活造成障碍。而只有妥善管理自己的情绪，我们才能更好地掌握自己的人生。善于管理自己情绪的人，往往可以吸引众人自愿来到其身边，因为这种人胜不骄、败不馁，心理素质超越常人，总是能够根据周围的环境随时调节及控制好自己的情绪。

当然，管理自己的情绪并非要每一个人都没有原则和棱角，而是对于情绪的把握要有一个度，不可太上，也不可太下。具体来说，就是面对对手的责难与挑衅，能够及时控制自己，保持不骄不躁的情绪；面对挫折与坎坷，能够控制自己的沮丧和恐惧情绪，以一种愉悦的心情重新审视事实，以解决问题的方式务实处理，进而享受快乐的人生。

Part 2

情绪影响生活质量

情绪在生活中的影响

每个人内心的“喜”与“乐”、“怒”与“哀”总是各自为一方，将你的心灵作为战场，争夺你身心的“控制权”。在争夺你身心的同时，各种正面和负面的情绪便时刻不断地影响着你的生活。良好的情绪就是你的“名片”和“招牌”，怀着这种情绪无论你身处何地都会受人欢迎；不良的情绪是扼杀你身心健康的“刽子手”，是阻碍你获得幸福生活的“绊脚石”。

努力将烦躁、焦虑、恐惧、悲伤、忧郁、沮丧等不良情绪抛到九霄云外，将愉悦、快乐随身携带，不仅有利于你的身体健康，还能促进家庭和睦，构建良好人际关系，助你早日找到生活的幸福和快乐。

好情绪是你的金字招牌

在生活中，我们总是能够看到一些人当身处逆境或遭遇不幸时，或惶恐不安，对周围的一切心生恐惧心理，或悲观绝望，对自己的前途感到渺茫，进而做事时缺乏准确的判断力，甚至丧失支配自己思想的能力和意志，最终成为人生中的失败者。

无论是焦躁、忧虑抑或悲伤、沮丧，内心的消极情绪都如同田园中的杂草，无时无刻不在侵蚀着我们的心灵，影响我们正常的生活。因此我们时刻擦亮自己的招牌，任凭严寒酷暑、花开花落，始终保持一种愉悦的心情，享受生活中的每一缕阳光。

一份好情绪、一种好心情就是你在生活中吸引他人目光的金字招牌。一张迷人的笑脸，就能使你成为万众瞩目的焦点。学会亮出你的招牌，将笑容挂在你的脸上，用微笑去感染他人，相信你的生活将会与众不同。

有一座繁忙的航空港，因为天气原因临时改变了航班的起飞时间，这使得在候机厅里等待的旅客心急如焚。正当旅客在柜台前乱成一团时，一位西装革履、身材高大的暴发户提着行李插队走了过来，向柜台小姐大声叫嚷，说他坐的是头等舱，必须马上为他办理登机服务。

看到这位插队的旅客，柜台小姐先是露出甜美的笑容，不过随后仍然交代他去排队。暴发户心生不满，便很不客气地冒出一句：“你知道我是谁吗?”言辞咄咄逼人。如果换作一般的客服人员，此时可能早就与旅客吵了起来。然而这位柜台小姐利用广播向所有正在排队的人说：“这位旅客好像不知道自己是谁？那么有没有人可以告诉他呢？”

现场有不少人听到了他们的谈话，不远处有人笑出了声。暴发户恼羞成怒，扬言威胁要找经理投诉，然而这位柜台小姐始终面露微笑，并且说：“你可以去投诉，不过按照规定，您还是得排队！”

柜台小姐的话引起了许多旅客的赞同，一些旅客甚至在背后对暴发户指指点点，前后左右的人也开始排挤他。无奈之下，这位暴发户又回到了长长的队伍中，重新排队。而这位柜台小姐也因为恰当地处理了与旅客的纠纷而受到上司的称赞。

在这个故事里，我们可以看到柜台小姐在面临旅客的咆哮时始终保持着一种良好的情绪，面临纠纷时，她没有选择与旅客争吵，而是以善意的微笑对待，最终使矛盾成功化解。在整个事件中，拥有一份好情绪就是这位柜台小姐制胜的法宝。

之所以说好情绪是我们的金字招牌，是因为每个人的心灵都是一扇窗，暴露在窗口的情绪就是我们展现给他人的面孔，一张赏心悦目的面孔总是能引起他人的好感，反之则有可能使人敬而远之。从这个意义上说，我们在窗口展现的情绪面孔就如同街边五光十色、吸引人眼球的招牌。

拥有好的情绪招牌的人不仅能够引人注目，更能够用自身的魅力去征服他人，前面所谈到的情绪的“波纹效应”便能够助你实现这一点。就在这不停的传导中，你的金字招牌被不断擦亮，你的名气也越来越被人所重视，最终助你实现人生的超越。

可见，无论是积聚人气，抑或感染他人，好情绪都时时刻刻如闪闪发光的招牌一样影响着你的生活。保持好情绪最好的办法就是微笑。曾经有这样一个故事：

一位衣衫褴褛的妇女带着女儿进入了超市，女儿看见了一架精致的相机，便央求母亲一起照张相。母亲怀着愧疚的表情对女儿说：“我们穿得太破旧了，照了不好看。”然而女儿对母亲报以甜美的微笑，说：“但是我们每天的微笑都是崭新的啊。”母亲正准备向女儿解释，站在一旁的摄影师走了过来，冲孩子天真无邪的微笑拍了一张照片送给了女孩。

可见，正是小女孩灿烂的微笑感动了摄影师，而在微笑中展现出来的快乐情绪正是她与人交往的金字招牌。

【快乐之声】

微笑的魅力远远不只如此，有“旅店帝王”之称的希尔顿酒店创始人康拉德·希尔顿认为事业的成功就与他的微笑密不可分。当康拉德·希尔顿成功前一文不名时，他就意识到，要想成功，唯有寻求一种简单容易、不花本钱而行之长久的办法去吸引顾客。最后，他发现微笑正是他长久以来所苦苦追寻的。康拉德·希尔顿将“今天你微笑了吗”作为自己的座右铭，靠着微笑的力量，他成为世界上最富有的人之一。

好情绪就是一个人的金字招牌，无论是爽朗的笑声抑或迷人的笑容，都能瞬间绽放出无穷的魅力，令你成为万众瞩目的焦点。拥有一份好情绪，幸福和快乐也将常常与你相伴。

坏情绪是导致疾病的罪魁祸首

在生活中不少人都遇到过这样的情况：一旦出现悲伤、抑郁、烦闷的情绪，头痛、失眠、血压升高等一系列的症状便会相伴而生。美国俄亥俄州立大学的研究人员发现，那些长期处于精神压抑状态的人，其血糖和血脂则会显著增高，患糖尿病和心脏病的风险也会加大。此外，心情压抑、烦躁、焦虑还会使人体胆固醇水平上升，引发一系列的心脑血管疾病。

从生理机制上来说，人的情绪得以活动的物质基础便是气血。情绪的波动能从气血状态上表现出来。当人感到害羞时脸会变红，害怕时脸则会变白。一般而言，这种小的情绪波动对人体的健康影响并不大，但强烈的情绪波动，或长期消极情绪便能很容易引起过度、长期的精神紧张，导致生理上的病变。关于情绪和健康的关系，中国传统医学有详细的论述。《黄帝内经》上说："百病生于气也。怒则气上，喜则气缓，悲则气消，恐则气下，惊则气乱，思则气结。"中医认为，七情分属于五脏，为五脏所主，有所谓"喜伤心"、"悲忧伤肺"、"怒伤肝"、"思伤脾"、"恐惊伤肾"的说法。可见一个人的七情六欲与身心健康有莫大的关系，而坏情绪正是导致疾病的罪魁祸首。

春山茂雄是日本著名医学家，他曾在《脑内革命》一书中这样论述："如果经常怒气攻心，心情感觉异常紧张，容易引起甲肾上腺素的毒性，会引起疾病，加速老化，导致早逝。相反，无论什么时候总是心情舒畅，面带微笑，把事情往好的方面思考，脑内就分泌出具有活跃细胞、增强体质功能的荷尔蒙。这些荷尔蒙保持身体精力旺盛，抑制癌细胞，使人无灾无病，健康长寿。"可见，在平时的生活中，选择悲伤沮丧还是愉悦开心，对我们身体健康意义重大。

有一个青年失恋之后长期处于悲伤沮丧的情绪之中，久而久之便产生了头痛的症状，然而这种头痛却与一般的症状有所不同，虽然他到处求访名医，但结果都无济于事。于是青年每日都在痛苦中挣扎。

有一次，青年做了一个非同寻常的梦。在梦中，他遇到一位智者，智者说：“你之所以感到头痛异常，原因在于忧伤过度。”随后智者告诉他在西方有一座神秘之山，山脚下有一处灵水，在泉水沐浴一番，洗去内心的尘土，便能百病全无。青年按着智者所说的方位，历尽千辛万苦来到了泉水边。在泉水中沐浴之后，青年果然感到一身轻松，困扰他多年的头痛病也消失得无影无踪了。正当青年准备出来时，脚下一个不留神，跌倒在池中，在倒下的瞬间，青年仿佛看见池边的石壁上写着硕大的两个字：微笑。

梦醒之后，青年头痛的症状没有丝毫减轻，但他此时已经顾不得自己的头痛，而是在苦思冥想梦中石壁上两个字的含义。最后，青年忽然领悟到：“原来石壁上的字正是提醒自己要保持一种愉悦的情绪啊！”

从此，他开始重新审视自己的内心，发现正是原来一味地悲伤忧郁才导致了自己目前的疾病。从此，青年决定改变自我，将一切负面的情绪都一扫而光，遇事都能微笑一番，渐渐地，他的头痛病也痊愈了。

可以看出，故事中的青年的头痛病便是由于长期悲伤过度造成的。幸运的是，他能从梦中领悟到自己的病因，于是决心保持一颗愉悦的心情，排解掉内心的不良情绪，最终恢复了健康。

既然坏情绪是导致疾病的罪魁祸首，那么好情绪就是接触病痛的良方。美国心脏数理研究院的罗林·麦克克拉曾经在一项研究中指出：爱心、感激、满足等一系列正面的情绪都可以分泌出一种“信任激素”，这种激素能够使自主神经系统放松，同时还可以调节其他与情绪及社会活动有关的神经区域，使人心情放松，释放掉压力。

美国俄亥俄州立大学的研究人员也发现：处于恋爱期的人其神经生长因子会促进脑细胞的新陈代谢，有助于解除神经衰弱症状并提高记忆力；开怀大笑则能减轻人的心理压力，保护血管壁，减少心脏病发作的概率；选择动情地放声大哭，也能促进大脑神经传递素的分泌，有利于祛除体内的压抑情绪。

【快乐之声】

中科院心理研究所的博士生导师罗非说：“人的心理和生理就如计算机的软件和硬件，缺一不可。健康的本质就在于和谐。”如果说筋骨血肉是我们的“硬件”，那么情绪就是我们的“软件”，情绪出现异常，如同软件出故障，会严重影响我们的身体健康。要想祛除疾病的困扰，保持一个健康的体魄，我们就要注意陶冶情操，开阔心胸，避免长时间处在紧张的情绪状态中，用积极正面的情绪去实现身体和心灵的和谐。

家庭生活中的“情绪连接”

在生活中我们常常看到，曾经山盟海誓、海枯石烂的恋爱中的男女为何一走进婚姻的殿堂就口角不断？父母无怨无悔、无私奉献的爱为何却总是换来孩子的不满和抵触？如今，婚姻及孩子的教育问题已经成为困扰万千家庭的心病。事实上，无论是爱人的抱怨还是孩子的哭闹，一切问题的症结就在于我们忽视了情绪对家庭生活的影响，在与家人相处时未能做到恰当的“情绪连接”。

无论是夫妻之间还是父母与孩子之间，一切的矛盾与纷争就在于双方未能进行“情绪连接”，未能进行情绪间的沟通与协调。一般来说，传达正面情绪更有助于“情绪连接”的成功，而负面情绪则会造成连接过程中的“堵塞”甚至“断线”，这就要求我们在处理家庭纠纷时，一定要保持一种正面情绪的传达，成功实现“情绪连接”。

陈芳和王军经历了长达7年的爱情马拉松，千辛万苦才走到了一起，婚后两人对幸福的生活倍加珍惜。然而结婚才一年，陈芳就发现老公经常没日没夜地加班，一周至少要有四天直到深夜才回家，一开始，陈芳还比较理解老公的苦衷，然而时间一久，她总是一个人孤独地在家吃晚饭，不由得就产生了不满情绪。

一天，陈芳一直到晚上10点半才等到老公进家门，看到他，陈芳就迫不及待地迎上去跟老公分享一整天的心情：“今天真无聊啊，连个说话的人都没有！”

王军似乎没有听见妻子的话，只是回应了一句：“还有饭吗？我都快饿死了。”

见丈夫对自己的话不理不睬，陈芳就气不打一处来：“你还想吃饭？自己做吧！太自私了！你有没有想过我的感受？”

妻子的一番抱怨把王军也惹火了：“我天天累死累活地加班，为了谁啊？回来还得听你唠叨个没完，真没劲！”说完王军夺门而出，临走时重重地关了一下门，陈芳的心陡然间被关门声震碎了。

心如刀割的陈芳独自看着结婚照片中自己幸福的模样，内心百感交集，禁不住痛哭流涕。

在这里，我们可以看出，陈芳和王军发生家庭纠纷的根源就在于他们未能实现“情绪连接”。一开始，两人就怀着不良的情绪互相指责争吵，从未停下来进行心与心的交流和沟通，结果导致矛盾丛生，不欢而散。

事实上，假如两人能够控制好自己的情绪，采用甜美的笑容以及平和关爱的语言进行交流，相信结果也不会如此。比如，上述例子中的陈芳和王军便可以采取以下的方式来沟通：当陈芳抱怨自己没有说话的对象时，饥肠辘辘的王军可以说：“亲爱的，真够委屈你的，我真想与你畅谈一番，不过等我吃饱饭再和你聊，好吗？”当王军抱怨回到家没饭吃时，孤单寂寞的陈芳可以这样说：“你辛苦了，多亏你为了这个家，吃完饭后我想和你谈一谈今天的心情，好吗？”表面上来看，这里透露出一种沟通的艺术，然而其实质就是一种保持良好情绪的艺术。用愉悦、快乐的情绪去对待生活中的另一半，成功实现夫妻间的“情绪连接”，幸福感肯定大大加分。

“情绪连接”不仅存在于夫妻之间，父母与孩子交流时也需要“情绪连接”。焦虑或暴躁的情绪反应，都会影响孩子的安全感。当与孩子产生矛盾时，应当秉着一种平等的心态去积极地沟通协调，努力克制自己的情绪，而不是动辄打骂，否则极易引起孩子的逆反情绪。

综上所述，可以看出，在家庭生活中，无论对待伴侣还是孩子，我们都要能够成功地实现“情绪连接”，让正面的情绪为我们的生活增添色彩。如何才能实现“情绪连接”呢？具体而言，你需要做到以下几点。

● 对待妻子——关爱体贴

女人在婚姻中都有被关爱呵护的情绪需求，这就要求丈夫要学会主动地赞美妻子，尊重妻子的感受，面对矛盾时要展现出男人的大度，学会包容妻子的“无理取闹”。

● **对待丈夫——赞赏尊重**

丈夫在面对妻子的情感诉求时，应当展现出男人的大度，针对妻子的“无理取闹”，克制住愤怒的情绪，代之以亲切的笑容。同时，妻子也需要满足男人在家庭生活中都有“爱面子”的情绪需求，多从责任感、兴趣爱好方面以一种欣赏的眼光赞赏自己的丈夫，不应埋怨或发牢骚，更不应大吵大闹，否则很容易刺激丈夫的自尊心，导致夫妻感情破裂。

● **对待孩子——平等理解**

一般情况下，父母对孩子最欠缺的就是平等和理解，往往居高临下地颐指气使，却从不顾及孩子的感受。聪明的父母都懂得采取不打、少骂、多肯定的原则。“打”是最伤害孩子心灵的方式，所以应该予以摒弃。平时尽量少批评孩子，即使遇到一些不得不批评的事，也只批评行为，不批评人格特质。尊重孩子的想法，即使有时看起来十分荒诞，也不要轻易否定，要让孩子自己作出判断。

【快乐之声】

“情绪连接”的理论是由美国著名心理学家高特曼博士提出的，这一理论最早是针对婚姻问题的。他在研究中指出，与那些婚姻缺乏幸福感的夫妻相比，对婚姻感到幸福的人彼此“情绪连接”的动作明显比较多。所谓“情绪连接”，就是指两个人在进行带有情绪的交流时所产生的互相理解及有所反馈的连接。以打电话为例，两人在电话中传递的是带有情绪化语言的电波，当电话接通时，就形成了“情绪连接”，否则就成了“情绪断线”。

情绪好的人到处都受欢迎

生活中总有一些人在为人处世中感到力不从心，认为社会危机四伏，处处充满陷阱，因而对前途失去信心，对生活失去希望，产生悲观、沮丧的情绪，整日浑浑噩噩，无所适从。事实上，外部的世界已然无法改变，与其忧郁绝望，不如愉悦、开心一些。常常以微笑对待生活中的每一个人，相信你就能处处赢得掌声；以烦躁、郁闷的情绪面对他人，无异于向人投之以冰冷的利剑，让人敬而远之，进而使自己前进的道路呈现一片黯淡。

美国心理学家杰·列文说："会不会笑，是衡量一个人能否对周围环境适应的尺度。"拥有好情绪的人总是能够吸引他人接近自己，建立良好的人际关系。

好情绪不是天生的，需要每一个人去用心呵护。当悲伤、沮丧、忧郁、恐惧袭击自己的内心时，我们就应当及时加以调节和控制，将受伤的心灵从深渊中拯救出来，重新保持一份快乐的心情。

比尔原本是小镇上一名手艺精湛的木匠，在一次意外中，他永远失去了手臂。从此，他的心情变得无比烦躁和愤怒，而且听不得别人规劝，时常对周围的邻居火气冲天，因此人缘越来越差，上门请他做工的邻居也越来越少。

三个月后的一天上午，一位穿着华丽的太太找到比尔，请他到家里去做家具。当比尔走进这位太太的家门时，一眼就看到她的双目失明的丈夫。男主人虽然眼前永远一片黑暗，但面露笑容。在接下来的时间里，比尔与男主人聊得非常开心。男主人说："其实生活的好坏完全取决于你是否时刻拥有一颗快乐的心，只要你握紧快乐的钥匙，那么再苦的生活也不算什么。我虽然看不见外面的世界，但同样可以通过听觉和嗅觉来欣赏大自然的美，你又何必因为仅仅少了一条手臂而忧伤呢？"

听了男主人一席话，比尔顿时豁然开朗。他认识到，只要保持愉悦的心情，即使只有一只手臂，也能做出非凡的成就。当工作完毕结算工钱时，比尔特意为那位太太打了八折，因为他从男主人那里得到了让他受用一生的财富，他要用一部分工钱来表达自己的谢意。

回到住处，比尔一改以往忧郁、沮丧的情绪，见到每一个人都报以热情的微笑。渐渐地，他在当地变得家喻户晓，邻居们都很乐意请他做家具，他的生活状况也大大改观。

从这个故事中我们可以看出，比尔一开始因受伤残疾而产生悲伤、焦虑的负面情绪，在这种情绪的影响下，他变得意志消沉，情绪越来越坏，人缘也越来越差。直到他后来听了那位盲人的一席话，方才意识到自身的不足。当他成功消除掉内心的负面情绪后，又重新受到了邻居的欢迎。可见，拥有一份好情绪是赢得好人缘的先决条件。

在生活中，缺乏良好情绪的人总是给自己的人际关系笼罩上一层阴影。从心理学上讲，在所有的坏情绪中，愤怒是最难控制的一种，因为冲人发火常常直接导致人际关系的破裂。在与人产生矛盾时，我们常常因为沟通有困难，便转而采取别的渠道泄愤，而真正恰当的处理方式就是在产生愤怒的地方解决愤怒。例如，面对工作中与老板、同事发生的冲突，生活中与家人发生的纠纷，当我们能够心平气和地表达自己的意见时，我们就会发现，其实所谓的沟通不畅正是由于内心的愤怒所造成的。

除了愤怒，妨碍我们人际关系的坏情绪还包括悲伤、焦虑等。有些人可能认为，悲伤、焦虑都是个人化的情绪，平时不会伤害到别人，因此不应该成为妨碍个人交往的绊脚石，然而事实并非如此。正如前面故事中的木匠一样，因为悲伤，我们对人丧失了热情；因为焦虑，我们的脸上愁云满布，更重要的是，我们很有可能因为悲伤、沮丧而产生类似于祥林嫂的心理，见人就诉苦、发牢骚，自然会引起别人的反感。

因此，可以说，坏情绪是妨碍我们个人影响力的天敌，只有保持愉悦的心情，经常将笑容挂在脸上，我们才能到处受欢迎。

【快乐之声】

要保持好情绪，微笑是最直接的方式，因为真诚的微笑总是能够感染别人，消除彼此间的隔阂。当陌生客人到访时，微笑以对，即可握手言欢；当因事而打扰他人，甚至无意中给他人造成伤害时，歉然一笑，便能得到谅解。一个整日脸上阴云密布、不苟言笑的人相信很难得到他人的共鸣。

恐惧情绪是幸福生活的绊脚石

在现实中我们总能看到一些人平时讲起话来口若悬河，然而一到正式场合就变得吞吞吐吐、语无伦次，平时的那份从容与淡定全都不见了踪影，剩下的只有提心吊胆、殚精竭虑；有些人平时做事小心谨慎，缺乏冒险精神，一旦遭遇挫折便显得畏畏缩缩、停滞不前，展现出对未来的一种恐慌。之所以会出现这些情况，主要原因便是恐惧情绪在作怪。

恐惧情绪会对一个人的生活带来消极的影响。内心充满恐惧的人，其生理上也常常会发生一些变化，如心跳加速、呼吸急促、血压升高、面色苍白等不良反应，进而造成生理机能的紊乱，进而引发各种病症。健康是享受幸福生活的本钱，没有一个健康的体魄，那么一切的幸福都无从谈起。

除了影响生理机能之外，内心的恐惧情绪还会使自身的思维和记忆能力大大受损，从而失去对事物的分析与判断能力，最终使我们的言行举止出现偏差，并最终与幸福擦肩而过。因此，如果我们要想享受幸福的阳光，就需要消除内心的恐惧情绪，保持一颗平常心，将微笑和愉悦放进自己的口袋。

杨慧佳是北京一家外贸公司的文员。汶川大地震发生后，她每天坚持关注来自灾区的信息。

每天上班一打开电脑，网络上与地震有关的各种消息便铺天盖地地席卷而来，令杨慧佳应接不暇。与电视、广播、报纸等传统媒体不同，网络上的许多信息并不可靠，经常有一些负面报道以及小道消息。随着报道的进展，一幅幅血淋淋的场景开始在网络上传播开来，杨慧佳脆弱的心灵被深深地刺痛了。一连几天，她都是寝食难安，夜里睡觉经常噩梦缠身。白天工作时完全没心思，一听到与地震有关的话题内心就紧张。原来性格活泼开朗的她与同事间的话也越来越少了。

同事陈静发现了她的异常，便主动上前询问情况。一开始，杨慧佳总是支支吾吾，在陈静的耐心劝导下，她才将内心的痛苦倾诉了出来。在得知杨慧佳产生了“地震情绪”之后，陈静便劝她要转移注意力，通过旅游、运动、看电影来调节自己的情绪。不久，杨慧佳又恢复了往日的欢笑，睡眠质量也逐渐改善。

可以看出，杨慧佳因无法面对地震伤痛而产生的恐惧情绪对其身心造成了严重的不良影响。由于惊恐，她变得越来越脆弱；由于畏惧，她变得越来越孤僻。这种恐惧情绪不仅影响工作，更影响了正常的生活。幸好后来她在同事的帮助下摆脱了恐惧情绪，才恢复了正常的工作和生活。

泰戈尔说：“怯弱是出卖我们灵魂的叛徒。”雨果说：“大胆是取得进步所付出的代价。”内心充满恐惧感的人往往一遇到危险和困难就立即缴械投降，因此常常一事无成。学会摒弃内心的恐惧情绪，即使遇到狂风暴雨的侵袭，也始终保持一往无前的奋斗精神，不让恐惧阻挡自己前进的步伐，我们才能在未来的道路上收获幸福。

恐惧情绪之所以会产生，与以往生活中的亲身体验和心理感受密不可分。一个人一旦在过去受过某种刺激，就会在大脑中形成一个兴奋源，之后遇到相同或近似的情形，这个兴奋源就会被激活，从而导致以往的经历被唤醒，这就是平常所说的“一朝遭蛇咬，十年怕井绳”。而“初生牛犊”之所以“不怕虎”，就在于其缺乏足够的生活经历，因而不会产生恐惧之心。除了以往生理和心理体验的影响，恐惧情绪产生的另一个源头便是对新生事物缺乏了解。一个人面对未知事物，往往难以判断其对自身的利弊，因而极易心生畏惧。

无论是过往生活经历的回忆，还是对未知事物的畏惧，内心充满恐惧情绪的人都有一个共同的心理特征：害怕危险。然而正是这种恐惧心理给我们的生活带来了难以想象的危害。培根说：“没有比害怕本身更可怕的了。”笛福说：“害怕危险的心理比危险本身还要可怕一万倍。”因此，要想享受幸福的生活，我们就应该消除恐惧情绪，以一种愉悦的心情笑对人生路途上的各种艰险与荆棘。

【快乐之声】

消除恐惧情绪的秘诀不在于去刻意回避那些能够引起恐怖回忆的场景，而在于你是否能够面对恐惧、习惯恐惧，并最终消除恐惧。这种做法有点近似于“硬碰硬”，你越是不敢在公众场合发表演讲，越要硬着头皮去讲，能够持之以恒，再登台演讲便会感到轻松自如。同样，消除恐惧情绪也不是要你对未知事物退避三舍，而是需要你尝试着多研究相关的知识，及时充电。当对一些陌生的事物做到“知其所以然”后，一切的恐惧之情便也烟消云散。

一个内心充满恐惧的人常常被人视为懦夫，而一个被内心的恐惧所吓倒的人则是一个十足的失败者。对于内心的恐惧情绪，我们需要做的应该是直面现实，勇于接受，用灿烂的阳光照耀内心的阴霾，用炽热的火焰去融化内心的坚冰。

好情绪是你事业中的好帮手

情绪在社会生活的方方面面都发挥着巨大的威力，在我们的事业上也不例外。怀抱一颗愉悦的心情、拥有良好情绪的人总是能够将各项事业打理得井井有条。相反，那些整日唉声叹气、愁眉不展、抱怨不止的人做起事来总是错误连连。其原因在于，当负面情绪侵入你的工作中时，你正常情况下的所有才能的发挥都会受到阻碍，从而使你做事的质量和效率大大受影响，并最终导致工作陷入一团乱麻。而拥有一个良好的心情，在工作中你便能够激发出强大的激情，你的潜力也将会被最大限度地激发出来，从而容易取得事业上的成功。

在工作中与老板闹情绪是得不偿失的。对工作焦虑、愤怒、哀怨只能使你的事业陷入被动，倘若你能够抛弃烦躁心理，以喜悦的心情将老板额外安排的重任做好，在接受老板批评时能够做到不生气、不急躁，而是将注意力放到如何解决问题上，那么还有什么事是做不好的呢？

马克在洛杉矶一家保险公司做推销业务。由于平时工作压力巨大，他有时会表现出烦躁、抑郁的不良情绪。有一次，公司安排他去拜访一位客户，由于前几天工作繁忙，他的情绪有些低落，但是为了完成自己的本职工作又不得不去。结果，他与客户的谈判以失败告终。

老板知道后，不但没有大发雷霆，反而鼓励他说：“你不用因此而懊恼，再去一次，不过去之前你可以调整一下自己的情绪，把你的微笑展现出来。当你用真诚的微笑去打动客户，让客户看到你的诚意后，你也会获得成功。”

按照老板的建议，马克打起精神，表现得很快乐，始终将微笑挂在脸上。结果，客户果然被马克感动了，双方愉快地签订了协议。

此后，微笑就成了马克的一张名片。在公司里，不管是对公司经理还是自己的同事，见面后他都给以会心的一笑。他发现，当自己决定快乐地工作时，自己就可以真的快乐起来。靠着在工作中展现出来的快乐的情绪，马克在公司里平步青云。

由此可以看出，在工作中，选择什么样的情绪，便会产生什么样的工作结果。面对工作，马克最终选择了好的情绪，结果在快乐的工作中不断推动自己的事业向前发展。

之所以说好情绪是事业的好帮手，主要在于拥有一份良好的情绪能够迅速调动我们的工作激情，情绪高昂才能激情高涨。当选择以一种快乐的心情去工作时，我们的激情就能被点燃和推动，进而释放出潜意识的巨大力量。带着一个愉悦的心情去工作，将激情充满全身，你就不会感到工作的辛苦和单调，从而大大提高工作效率。

除此之外，由于“波纹效应”的影响，好的情绪也会传染给你的同事，使整个团队激情都被调动起来。当公司整体的激情被调动之后，身为团队一分子的你自然能从中获得源源不断的营养和动力，促进事业的不断发展。

【快乐之声】

要保持一个好的情绪，我们就需要对那些不良的情绪进行克制、排解。西方有句谚语说得好：“不要为打翻的牛奶哭泣。”普希金说，“假如生活欺骗了你，不要忧郁，也不要愤慨！不顺心时暂且克制自己，相信吧，快乐之日就会到来。”在实际的工作中，我们总会不可避免地产生一些诸如厌烦、忧郁、烦躁、恐惧以及愤怒等情绪，对于这些负面情绪，如果我们不能及时予以克制和调节，任其积累和泛滥，则不但使我们丧失工作的激情，更会令老板、同事感到反感，对自己的职业前景十分不利。

当你还在对工作感到厌倦和烦恼时，与其调整岗位，不如调整自己的心情，让自己去热爱现有的工作。唯有以快乐的心情投入工作，你才能在工作中找到乐趣，以一种愉悦的情绪面对工作，你才能够尽自己最大的努力、最终在工作中获得丰硕的成果。

Part 3 学会做情绪的主人
为什么你总是不开心

随着生活压力的日益增大，人们的情绪压力也在与日俱增。有的人因为承受了太多的压力，在日常生活中已很少再露出笑脸。他们几乎每天都绷紧了神经，麻木了脸颊，他们为什么不开心呢？是现实过于残酷，还是过高地要求了自己？

实际上，沉浸于负面情绪中的人已经成了情绪的奴隶。莫泊桑曾经说过“你明白，人的一生，既不是人们想象的那么好，也不是那么坏”。其实每个人都知道社会本就如此，既然你我无法改变社会，就应该学着适应社会。要知道人生苦短，既然开心是一天，不开心也是一天，要选择如何度过，完全取决于你自己的情绪。所以最重要的就是学会掌控自己的情绪，做情绪的主人，才能拥有快乐的生活！

不开心也是一种病

我们的生活中充满了各种挫折与不顺，面对这些，人们会痛苦、会悲伤，甚至会绝望，这是人内心情绪的正常反应。但是有些人在日常生活中也是愁云密布，他们会在心情烦躁时摔打东西；在遭遇挫折时暴饮暴食；在伤心难过时狂烈购物；气急败坏时甚至对家人“开炮”……这些不开心的情绪，都严重影响到了他们的工作、家人以及他们身边的朋友，从而导致工作不顺、家庭不和睦以及失去友谊等结果，这些不开心的症状其实是一种病，著名的心理学家马丁·赛利曼将它称为精神病学中的“感冒”。

这些不开心的“感冒症状”其实是属于情感性疾病，患有这种疾病的人通常表现为：“心情抑郁、兴趣丧失、行动缓慢，严重的还会产生幻想。”他们常常会说自己无用、说自己不幸、说自己绝望、说自己什么都不想做，甚至有时候他们还会想到死。这些症状刚开始是不容易被发现的，但是或许到人们发现的时候就已经很严重了。就像全世界最著名的歌星小甜甜布兰妮，她也患上了这种“感冒”。

布兰妮是一名备受瞩目的耀眼巨星，在她18岁时以一首“Baby On More Time”（宝贝，再爱我一次）轰动了全球。

从此，布兰妮活跃在闪烁的聚光灯下，一举一动都备受世人的瞩目。也正应如此，布兰妮的所有动向都被暴露于众人的面前。起初她并没有感觉有太多不适，只有在台上表演时时常发呆，然而在人们的眼中却只看到了她风采夺目的一面。

记者们几次看到她与不同的男人约会，就问她：“打算跟几个啊？”这个时候的布兰妮大声呼喊着要把童贞保留到结婚那天。但当她把清纯装褪下的时候就再也没有人相信她的这句话了，越来越多的记者对她冷嘲热讽，甚至对她进行污蔑。

对于这些流言飞语，布兰妮歇斯底里地跟记者们对骂，在媒体强大的攻势下，她干脆把自己紧锁在了家中，不再迈出屋门一步，当她的丈夫终于难以忍受而提出离婚时，她的癫狂竟然进一步地增长了，昔日的耀眼明星选择虐待自己的亲生儿子来排泄内心的不满，她用皮鞭抽打自己的儿子，用胶带粘住孩子的嘴，并把他锁到了卫生间里，直到警察撬开她家的门，布兰妮竟然完全忘记了她的儿子已经被她关在屋里三天三夜了，滴水未进的孩子差点被她的亲生母亲断送了生命。而布兰妮自己，在她虐待孩子的同时，也在离曾经的自己越来越远，离正常的生活越来越远。

也许是因为布兰妮承受不了突如其来的压力，也许是她的“不开心”因拖得太久而没有得到及时的治疗，她的幸福生活，被她亲手毁掉。

那么怎样才能避免自己患上“不开心”这种病呢？

● 不要以自我为中心

不开心的人，常常是以自我为中心的人，因为他们时刻都只想着自己，不关心他人，当有人因为一点小事而惹怒他的时候，他就会觉得很不开心从而耿耿于怀，一件小事在他们心中往往就会变成大事，产生的不满与仇恨也会无限量地放大，并难以跨越。但是，如果他们能够做到不以自我为中心，换以一种博大的胸怀去包容，那么他们的情绪就能够始终保持快乐状态。

● 不要总是感到不满足

不开心的人，一定是对所有事物要求过高，感觉总是与自己的理想有距离，感觉不到满足，也就收获不到快乐。一个容易知足的人，他的人生观一定是快乐的，他会觉得自己所拥有的就是最好的，这就是“知足常乐”。

● 不要拒绝改变

不开心的人，在很多时候是由于事情突然发生变化，与他们预期的结果有所不同导致的。你要知道这世上的万事万物都在改变着，假如我们拒绝改变，也就违背了“适者生存”的自然定律，最终会被社会所抛弃，所以只有接受改变，才能更好地适应这个瞬息万变的社会，从而在改变中得到快乐。

【快乐之声】

假如在“不开心”刚刚有些征兆的时候就进行积极的治疗，就必然不会发生后面的疯狂事件了。

在生活中，我们不可避免的会失意、会难过，也会情绪不稳定。这时我们一定要重视，因为这些诱因，很可能会让我们患上“不开心”的病，我们或许无法改变生活，但我们可以调节自己的情绪，让自己开心起来，摆脱“生病”的困扰。

情绪需要自我调控

生活中我们会遇到各种各样的事情，心情会有各种各样的波动变化，而这些心灵上的变化，就是一个人的“情绪”。这些情绪就像“影子”一样时刻跟随着我们，我们也能时刻感受到它们带给我们的影响。

其实我们每个人的心中都存在不良情绪，即便是一个智商再高的人，他也会有消极的一面。只是这些人比较善于调节自己的情绪罢了。

伏明霞，中国前跳水冠军，曾多次为我国争取荣誉，也是世界上所有跳水选手学习的对象。

伏明霞在她7岁的时候就开始练习跳水。这一路走来非常艰辛，她也曾经想过放弃。有一次，她一大早起来压腿，正累的时候看到操场外几个打扮得漂漂亮亮的小姑娘在那里玩游戏，不知怎么地，她就说什么也不练了，甚至还大声叫道：“我要回家，我不要练了。”这个时候，教练走了过来，对她说：“你把压腿当做玩游戏，把比赛当做最好玩的事，你试试看。”伏明霞果真就这么做了，从此以后，她就懂得了如何调节自己的情绪，每当心情不好的时候，她就努力去做情绪的主人，把各种不愉快努力变成有意义的、好玩的事。

正是因为懂得调节自己的情绪，伏明霞赢得了无数次的成功。在她18岁时与郭晶晶一起参加了亚特兰大奥运会，由于郭晶晶是首次出征，所以在决赛时出现了重大的失误。所有人都认为伏明霞肯定要受郭晶晶的影响，就连她的教练都为她捏了一把汗，但是伏明霞却镇定自若，力挽狂澜，最终取得了比赛的胜利。

赛后，记者们都来采访她，想要知道这个小姑娘是如何做到的，这时，伏明霞才吐露了心中的秘密，她说：“因为我懂得调节自己的情绪，不让坏情绪干扰我，才没有受到别人的影响。”

多么简单一句话，却让人心生敬佩。如果伏明霞没有及时调整自己的情绪，用消极的态度进入比赛，那么她一定会受到不利的影响，属于中国的第八枚金牌，也许就是别人的囊中之物了。也正是伏明霞懂得掌控自己的情绪，及时地做出了调整，把消极的态度扼杀在了襁褓中，她又一次完成了自己的梦想，完成了中国人的梦想。

生活中，我们的消极情绪时刻都可能出现，只是有的人善于控制并懂得控制，才能将一些不良的情绪，如焦急、愤怒、惧怕、懒散等一一克服。

那么，怎么样才能掌控自己的情绪呢？

● 用理性的意识控制情绪

如果我们正在大街上行走，突然有人踩了我们一下，我们就会心情不爽，甚至想大声谩骂。这个时侯，我们就应该对自己说不要冲动，冲动不但改变不了事实，而且会降低我们的自身素质。一旦我们遇到令自己不高兴的事时，就应该用理性的意识控制自己的情绪，这样，我们的生活就会少了烦恼，多了快乐。

● 及时地换个环境来控制自己的情绪

当我们在办公室内与同事发生纠纷时，我们可以选择走出办公室，到外面呼吸一下新鲜空气，或许这些新鲜空气会冲淡我们心中的愤怒；当我们在学习时，觉得自己厌倦了，我们也可以选择出去散散心，或者到外面郊游。一个新的环境，能够令我们投入全新的心态与耐心，及时地换个环境就能够控制自己的情绪。

● 学会宣泄自己的情绪

如果我们心里觉得非常不愉快，或者有委屈的时候，我们要及时和家人沟通，或者可以和朋友交流，我们也可以大哭一场，再者，我们可以考虑把不满宣泄到纸上。总之，要通过一些方法把自己的不满宣泄出去，我们才不会积压不良的情绪。需要注意的是我们应采取正确的方法，不可以伤害到别人。学会宣泄自己的情绪，才会心情舒畅，才能开心，才能获得幸福。

【快乐之声】

好的情绪能给我们带来好的影响。在工作中，好的情绪会提高我们的工作效率，能让我们更好地开展工作；在生活中，好的情绪能够提高我们的生活质量，让我们生活得更加舒适；在交往中，好的情绪能够让我们拥有好人缘，结交更多的朋友；在家庭中，好的情绪能够让我们相处得更加和谐，让我们的生活更加幸福。总之，好的情绪能让我们身心愉悦，给我们的各个方面都带来好处。当然，不良的情绪将带给我们相反的影响，或恼怒，或癫狂，严重的甚至会让我们受到伤害，以至于走向极端。

找到生命的意义和目标

如果有人问你，活着是为了什么，你会怎么回答呢？或许有人会说是为了吃喝玩乐；或许有人会说是为了拥有更好的生活；或许也有人会说，人终究要死的，活着只是延续生命而已；也或许会有人说为了父母而活着。这么多的答案，各有各的说法，或许我们无法给它下定义，但畅销作家莫如冰曾经对这个问题给出了回答："积极的人，找到自己喜欢做的事，放手去做就是人生的意义。"是啊，面对生活，态度积极的人会为了它而努力，而态度消极的人会放弃生活。所以说只有掌控了自己的情绪，摆正了心态，才能做生活的主人，才能找到生命的意义。林肯也曾经说过："我们所理解的事物，不在于他们本身是怎样，而在于我们本身是怎样。"我们的情绪决定了我们对生命的看法，决定了我们快乐与否。做情绪的主人，才能拥有快乐。

周杰伦是著名的音乐人，他的名字与音乐响彻于中国的大江南北。在他14岁时父母离婚，在母亲的关爱下，周杰伦建立了积极的人生观，并且燃起了对音乐的热爱。

周杰伦很喜欢音乐，他把音乐当做自己的人生目标来追求，于是在音乐的道路上，开始了他的长途跋涉。刚开始的时候，他的作品几乎没人欣赏，因为他的创作风格过于新颖，别人都没有接触过这类的东西，所以都不敢轻易地尝试。但这个时候的周杰伦已经不再是童年时那个对什么都没兴趣、做什么都想要放弃的周杰伦了。他懂得做自己情绪的主人，也为了坚持自己的目标，就算遇到再大的挫折他也绝不放弃自己对音乐的热爱。一次次的拒绝对周杰伦来说却是一次次的成长。

功夫不负有心人，认准了音乐目标的周杰伦终于以一首《简单爱》走出了困境，迈向了音乐的成功之门。

周杰伦在一次接受专访时说："明星梦并不是遥不可及的，

其实，任何人都可以做，只要你肯努力。我之所以能有今天，就是我坚信自己能成功的结果。”他还说：“我自己也有难过的时候，只是我会及时地调节自己的情绪，才渡过了难关。”

正因为周杰伦做了自己情绪的主人，有了积极的人生态度，使他不仅找到了人生的意义，而且实现了他的人生目标。我们每一个人都应该做自己情绪的主人，只有这样，我们才不会在风雨来临时像树叶一样，随风飘摇、盲目无助。做自己情绪的主人，才能看到生活的希望，才能找到奋斗的目标。

那么如何才能找到目标从而实现生命的意义呢？

● 记录下我们想做的

我们在生活中有着太多的奋斗方向，究竟哪一个才能成为我们确切需要努力的目标，让我们为之努力又不会后悔呢？不妨坐下来，拿张纸拿杆笔把我们所想的目标一个个地列出来，直到那个目标让我们眼前一亮，那么这个就是我们的最终目标。

● 目标不分大小

目标无所谓大小，哪怕是扫大街、为国家，都可以成为你的奋斗目标。处在工作岗位上的人们，可以把做好本职工作列为他们的奋斗目标；在学校中学习的学生，可以把考出好的成绩作为他们的奋斗目标；在家庭中的主妇，也可以把相夫教子当做她们的人生目标。每一个人都有他存在的意义，没有哪个重要，哪个不重要的。有的人一出生天分就很高，也就需要他们对自己的要求更高；有的人天资平平，就不应该强迫自己，虽然活着就是要超越昨天的自己，但是每个人的资质不同，当务之急是要认识自己，不能不自量力，那样只会让自己更加狼狈。设定目标，就要符合实际。只要是自己喜欢的，都可以成为我们的人生目标。

● 做自己喜欢的

就像OPPO手机里的广告所说的：“做你喜欢的。”我们只有做自己喜欢的事情，才会有奋斗的激情，才会在困难面前勇于面对。奋斗的路上肯定会有很多挫折阻碍我们前进，这个时候我们只要做自己情绪的主人，时刻调节自己的情绪，面对困难不退缩，面对成功不骄傲，努力地朝着终点迈进，就会实现我们的目标，就会找到我们生命的意义！

【快乐之声】

人活着就是为了自己能够快乐、能够幸福，而这些幸福的生活是需要通过努力才能够得来的。努力的方向就是自己的目标，而实现这个目标的过程就是生命的意义。积极的人树立自己的目标，并为之努力奋斗。消极的人，面对生活，提不起兴趣，没有奋斗的勇气。所以说，人生路上，我们要做自己情绪的主人，积极的人更加努力进取，消极的人，调节自己的情绪，迎头赶上！

也只有积极的人，敢于面对困难、解决困难，最终才会实现自己的目标，对得起自己的生命，临死前他们就可以自豪地说：“我努力过，我就不会遗憾。”

不能左右天气，却能掌控情绪

夏天的时候，我们时常会听到有人说："太阳这么大，想晒死人啊，搞得我心里的火都上来了。"雨天也会听到一些人说："看着雨淅淅沥沥的，觉得特别凄凉，再想想自己，真的好想哭啊。"冬天走在街上，有人会说："这么冷的天，冻得我什么都不想做。"这些人情绪并不是他们自己在掌控，而是天气在掌控，这样做未免太"情绪化"了。

其实，我们的心情之所以会被天气所改变，是因为我们的情绪会因环境的改变而改变。就像我们小的时候，如果有人耻笑我们的长相，我们就会产生自卑的心理，长大后被人追求的我们，就会产生自大的心理。我们常常被外物左右自己的心理，只是因为我们不懂得掌控自己的情绪，没有意识到改变对于情绪的重要性。"成功的秘诀就在于懂得怎样控制痛苦与快乐这股力量，而不为这股力量所反制。如果你能做到这点，就能掌握住自己的人生；反之，你的人生就无法掌握。"这是世界激励大师安东尼·罗宾曾说过的一句话。或许掌控了自己的情绪也不一定能带来巨大的成功，但是一定会带来快乐。

有一个老太太，她有两个女儿，两个女儿都生活得很幸福，但是老太太还是每天都不开心。不管是晴天还是雨天，老太太总是唉声叹气的。有人就问她："老太太，难道你两个女儿对你不好吗？"老太太就很生气地说："我两个女儿对我都非常好，你们不要乱说话。"那个人又问了："那你为什么还不高兴呢，两个孩子过得好，对你也好，你还有什么可担心的呢？"老太太回答说："哎，你不知道啊，我的大女儿呢，是卖雨伞的，天气好的时候她怎么能卖得出去呢；我的二女儿呢，是卖遮阳帽的，天气坏的时候谁又会买她的帽子呢，所以我怎么也开心不起来啊。"

这时，那个人却告诉老太太说："你为什么这样想呢，你怎么不想着天气好的时候你的二女儿的生意就会好，而天气坏的时候你的大女儿的生意就会好，不管天气好坏，你不都应该高兴的吗？”老太太听了这些话，顿时醒悟了，从此老太太再也没有不开心了。

老太太正是因为不能转变想法，不会调节自己的情绪，所以才不开心，如果不是那个人的一番话让老太太转换了想法，改变了情绪，估计老太太永远也不会开心。人生也是如此，因为看问题的想法不同，就会产生不同的结果；而同一件事情，用不一样的情绪对待，也会产生不同的结果。我们应该以事物不变的一面来看，对于改变的事物不能妄加评论。环境的改变只是在对我们的情绪加以改变，而不是产生。

● **保持乐观的心态**

生活不会一帆风顺，总会有波澜；天气不会总是艳阳高照，也会阴雨连绵；我们每天都要生活，我们每天都要面对不同的天气，这些客观事实我们是改变不了的。我们不能改变天气，我们不能避免挫折，我们就应该掌控好自己的情绪。当我们处于逆境时，我们保持乐观的心态，想一想我们已经拥有的，或许痛苦就会减少很多；当别人惹我们生气的时候，想一想是不是我们的不对，让自己的情绪先稳定下来，然后再去面对，或许愤怒已经烟消云散了；当我们失败时，不要灰心丧气，稳定一下自己的情绪，从头再来。

● **拥有一颗沉着的心**

天气是多变的，世事是无常的，堪卓玛曾经说过：“世上没有绝望的处境，只有对处境绝望的人。”如果我们能以一颗沉着的心，能以一种稳定的情绪看待身边的花草、阳光、雨露、阴霾或者是周边的人与事，我们就不会哀叹、不会悲观、不会被影响了。既然我们不能左右天气，那么就由它去吧，我们同样可以生活得很好！

【快乐之声】

俗话说：“天要下雨，娘要嫁人。”说的是我们无法改变的事情，既然我们无法改变天气，无法改变事实，何不改变一下自己的心情呢？就像我们的人生一样。我们无法留住容颜，但我们可以留住年轻的心；我们无法改变自己的出身，我们却可以改变自己的命运；我们无法追回已经逝去的，就应该把握住现在拥有的；我们无法控制别人，我们却可以改变自己；我们无法改变环境，我们却可以控制自己的情绪。是啊，只要我们能够掌控自己的情绪，调节自己的情绪，我们的心情就不会被天气所左右，我们的一生也不会因出身而定格。

培养微笑的习惯

微笑是人类的基本动作，也是世界上最美丽的表情。对于失败者来说，微笑是一种无形的鼓励；对于贫困者来说，微笑是一种看不见的财富；对于成功者来说，微笑是一句无声的赞赏。可见微笑是多么重要，所以我们要培养微笑的习惯。让微笑成为我们生活的态度，让微笑成为我们的情绪，要想掌控自己的情绪，那么就要培养微笑的习惯。

早上起来，给我们的家人一个微笑，让我们能以快乐的心情渡过这一天的美好时光；中午吃饭，让我们给同事一个微笑，不仅可以拉近我们的距离，而且可以释放我们工作的疲劳；晚上回家，让我们给自己一个微笑，不仅可以拥有一个安稳的睡眠，而且可以埋下快乐的心情迎接明天的到来。所以，我们要养成微笑的习惯，做自己情绪的主人。

生活中，我们面对幸福要微笑，面对困难更要微笑。泰戈尔曾经说过："当他微笑时，世界爱上了他；当他大笑时，世界便怕了他。"不管你的面前是什么，只要你能保持微笑，养成微笑的习惯，世界都会惧怕你，所以说要让自己时刻微笑，就要学会做情绪的主人，把那些悲观的思想用微笑带过。面对人生，我们养成微笑的习惯，保持一个微笑的态度，就能面对生活中任何难题。微笑是可以改变我们生活的。

史坦哈是百老汇的一名领导，他觉得自己应该严谨一些，不然员工们会认为他没有威信。于是，自从他坐到这个岗位上的5年来，史坦哈几乎没怎么笑过，慢慢地，他认为自己是个不快乐的人。

后来，有一次，公司开设了一个教育学习培训班，要求每一个员工都用微笑的经验写一篇文章，必须是亲身经历的。史坦哈就决定先找点经验，于是他就决定带上微笑面对每一个人。

因为上班时养成的习惯，所以史坦哈在家中也很少微笑，这次他出门时给了妻子一个淡淡的微笑，这个意外让他的妻子愣在了那里几秒钟，而后在他的脸上给了他一个小小的吻，这使史坦哈觉得他的生活顿时充满了温暖。

之后，他走到公司，对每个员工都给予微笑，他很快就发现每一个人也都回报给了他一个微笑，他开始以愉悦的态度处理问题，并且发现就连平时很难解决的案子，他都很容易地解决了。史坦哈发现微笑的力量，不仅可以给他带来快乐，还可以给他创造财富。

史坦哈的微笑给他带来的不仅仅是快乐和财富，还给他带来了希望，给了他生活的希望。也许我们的一个小小的微笑算不了什么，但有时可以赢得别人的好感；有时却可以照亮别人的生活；有时甚至能够给你带来好运。美国大学教授詹姆士曾经说过："面带微笑的人，通常对处理事务，教导学生或销售行业，都显得更有效率。笑容比皱眉要传达的信息多得多。"微笑有如此多的好处，我们就务必要有培养自己微笑的习惯。

那么如何培养自己的微笑习惯呢？

● **学会放松自己**

我们要学会放松自己。生活中各种压力充斥着我们的大脑，我们时常会陷入紧绷的状态中，这时候，我们就要放松自己，学会释放压力。我们可以选择听音乐，可以选择散散心，总之先放松自己，当我们一旦感觉身心轻松的时候，就会自然地露出微笑。

● **拥有一双会发现的眼睛**

我们要在生活中发现快乐。生活中虽然充满了压力，也充满了乐趣，只需要我们拥有一双会发现的眼睛，看到身边的快乐，看到生活的乐趣，我们就会情不自禁地露出微笑。

● **保持微笑的面容**

我们要每天保持微笑的面容，时间久了，慢慢地我们就会养成微笑的习惯。养成微笑的习惯可以帮我们打开与同事之间沟通的窗户；养成微笑的习惯可以让我们在生活中化解尴尬；养成微笑的习惯可以让我们与家人之间更加亲密。让我们每一个人都养成微笑的习惯，做自己情绪的主人。

微笑是世界上最美丽的表情，也是世界上最动人的无声语言。微笑也是我们的人生态度，当我们每天能够看到阳光，就会感觉亲切，那么如果我们养成微笑的好习惯，我们就可以拥有心灵的阳光。只要保持微笑，这种阳光能照耀到我们身边的每一个人。

【快乐之声】

有人说微笑似金，但是却不用花费任何成本；有人说微笑是花，但是却不用浇灌就能开得很灿烂。生活中有这么一群人，他们“吝啬”自己的微笑。或许他们是出于羞涩，不好意思露出微笑，或者他们是害怕陌生人，所以不敢微笑。我们的社会是个包容的社会，所以尽情地微笑吧，抛开你的娇羞，抛却你的恐惧，让我们养成微笑的习惯，用微笑的态度面对生活中的每一天、每一个人、每一件事。

用健康的心态取代各种困扰

心态是人们对事物的反应所表现出的一种思想状态。心态有好的一面，也有坏的一面，好的心态能够给人带来积极的情绪，能够给人带来欢乐、荣誉，还能够使人有进取心理，从而获得成功。而坏的心态却能给人带来消极的情绪，它会给人带来烦恼、痛苦，甚至会使我们丧失斗志，最终走向失败。至于我们要选择哪一面来面对生活，完全取决于我们自己的想法。

张海迪出生于山东济南，在她五岁的时候患上了脊髓病，胸部以下全部瘫痪，面对这种残酷的命运，张海迪并没有丧失对生活的勇气，而是选择用健康的心态面对生活。当病痛折磨她的时候，她告诉自己："这是为了让我更好地延续生命。"张海迪一直用这种积极的心态对抗病魔。

由于身体上的疾病，张海迪没能进入学校学习。虽然她没能像其他孩子一样进入学校正常上课，但是她一直在家中学习，从没有落下功课，她说她觉得生活对她并不残忍，反而是善待她，怕她总是站着太辛苦，是因为眷顾她才让她坐着，她以这种顽强的勇气挑战着生活带给她的各种考验。

张海迪不但写下了很多著作，还为一些贫困的人们送去了温暖，教他们音乐，还为他们治病。

正是因为张海迪用健康的心态面对生活，所以她不仅为自己画出了七彩蓝天，而且也为人们挥洒了一道彩虹，让人们看到了生命的意义。

我们每一个人都应该像张海迪一样，拥有一种健康的心态，做自己情绪的主人，这样才能赶走各种困扰。在工作中，我们应该拥有一个健康的心态，积极主动地去解决工作中遇到的各种难题，并且付出实际行动以赶走阻碍我们前进的恐惧；在学习中，我们应该拥有一种健康的心态，认真努力地去学习我们所缺乏的各种知识，赶走困扰我们学习的懒惰心理；在家庭中，我们应该拥有一种健康的心态，去面对生活中各种争执，赶走困扰我们的妥协。只有拥有一种健康的心态，做自己情绪的主人，才能在困难来临之际不会退缩，在取得成功之时不会骄傲，才能赶走生活中的各种困扰。

那么，怎样才能拥有一种健康的心态，如何做自己情绪的主人呢？

● 对自己有准确的认识

要了解自己的长处和短处，我们要尽量避免做不适合自己的事情，应努力发挥自己的长处，拥有一种健康的心态，做自己情绪的主人。我们每个人都有优点和缺点，对于优点，我们要认识到，并且要善于发挥我们的长处。而对于缺点，我们就应该尽力改掉，但同时也要接受自己缺点，俗话说“金无足赤，人无完人”。就是说让我们先接受自己，不管好的或者坏的，都要有个清醒的认识。

● 学会建立与他人的友好关系

要与我们的朋友、家人、同事保持联系，我们不能遇事就钻牛角尖，要以一种健康的心态，做自己情绪的主人。人与人在沟通的过程当中，能够缓解自己紧绷的神经，避免心理疾病的产生，还能够促进相互的感情，只有与我们的朋友、家人、同事建立了友好的关系，才可以让我们的人生更加丰富多彩。

● 培养兴趣、爱好

培养自己的兴趣、爱好，我们才不会对生活失去信心，才能有一种健康的心态，做自己情绪的主人。我们可以选择唱歌、跳舞，可以选择看电视、玩游戏，可以选择运动、健身……只要是正当的事情，都可以成为我们的兴趣、爱好。在放松心情的同时锻炼了身体，但是我们对这些爱好的把握也要有一个尺度，要保证在我们的生活、工作、学习正常的情况下进行。

● 懂得释放压力

要懂得在不开心时释放自己的烦恼，灰心时释放自己的悲观。我们才不会在挫折中迷失方向，才能有一个健康的心态，做自己情绪的主人。我们遇到不开心的事是在所难免的，但是我们在遇到这些问题时，要懂得释放自己的不快。我们可以在没人的地方大喊大叫，可以在自己的房间肆意宣泄，也可以去谈一场恋爱，这些方法都可以释放我们的压力。

【快乐之声】

拥有好的心态就能避免不好心态所带来的各种困扰。所以说我们要想成功，要想幸福，就必须拥有好的心态，做自己情绪的主人。所谓好的心态就是指健康的心态。

对于健康的心态，人们的说法各异。有人说健康的心态是拥有适应社会、自我调控情绪的能力，有人说健康的心态是拥有热爱生活、热爱工作、热爱家庭的人生态度，也有人说健康的心态是拥有敢于面对生活挫折的勇气。但是不管怎么说，只有拥有健康的心态才能做自己情绪的主人，才能杜绝各种困扰。

Part 4

让烦恼随风而去

排解不良情绪，每天都有微笑

生活中“烦恼”的字眼我们常常听到，在学校里，有人为学习成绩而烦；在工作中，有人为工作量大而烦；在家庭中，有人为父母的唠叨而烦；在爱情中，有人为感情受伤而烦；婚姻中，有人为激情渐退而烦……好像从一出生烦恼就伴随我们而来了，小时候烦恼自己为何还不快快长大，长大以后又烦恼怎么回不到小时候无忧无虑的时光。人就是这样，作为感情动物却总是烦恼，如此，倒不如羡慕草木的悠哉了。

烦恼从何而来？缘何有那么多烦恼？

烦恼好像时刻都在牵绊着我们每一个人，面对烦恼我们似乎很无奈。但是我们从未考虑过烦恼的根源究竟是什么。比如，我们抱怨生活的不如意，我们就要找出不如意的原因，那样我们才可以消除烦恼，才能排解掉烦恼给我们带来的不良情绪，才能够以微笑面对生活。

唐代诗人孟浩然曾写过一首诗《宿天台桐柏观》，诗中写到：“愿言解缨绂，从此去烦恼。”其实，烦恼只需要一点度量，一点涵养，就能够消除掉，就能够让烦恼随风而去，就能够排除掉我们的不良情绪，也就能够从容微笑地面对每一天。

用理智浇熄愤怒之火

日常生活中，我们常常发现过路的行人甲踩了行人乙一脚，甲若没有道歉，还理直气壮，十有八九乙会火冒三丈，轻则拌口角，重则动起拳脚。紧接着，交警来了，甲乙都被带走，到派出所又是辩解，又是愤怒，还要被警察没完没了地询问这、询问那。末了，经过警察的劝解，二人握手言和。出了派出所大门，二人都顿觉神清气爽，心里为刚才的事情不值：就为了一脚，一天的工夫白白搭进去了，最重要的是影响了一天的心情。

美国心理学家雅克·希拉尔曾经说过："愤怒是一种内心不快的反应，它是由感到不公和无法接受的挫折引起的。"听上去，愤怒都是有一定的理由的，但各位读者，千万不要误以为这位大心理学家是在鼓舞各位去愤怒的。因为，富兰克也说过："任何人发怒多是有理由的，只是很少是教人信服的理由。"所以，发怒是最不理智的行为。

有一个年轻人刚买了一身新衣服，出于炫耀的心理，就连忙把新衣服穿在了身上。谁知这个时候，对面恰巧开过来一辆汽车，因为开得太快了，所以溅了这个年轻人一身的污水，而且还差点将他撞倒在地。这个年轻人气得直跺脚，正要开口跟司机理论时，谁知那个开车的司机竟然没有下车，扬长而去了。年轻人觉得很愤怒，就扬言说："要是你敢下来，看我不杀了你。"抛开大话不谈，假如那个开车的人真的停了下来，年轻人也真的那么做了，那会引发什么样的后果呢，轻则是两个人口角一番，最终都愤愤离去；重则，年轻人真的照他所想的那么做了，那么结果呢？只能是一死一入狱。

细想一下，真的有那个必要吗，年轻人如果冷静下来，理智地去思考一下，或许那个开车的人没有看到他，或许是真的有什么急事，那么这场愤怒之火不就可以平息了吗？只要用理智的思维去考虑问题，那么愤怒之火终究是会被浇灭的。

在一所大学宿舍里，同学们都在欢天喜地地谈论着对著名影星赵薇的看法，A说：“我认为赵薇值得人们崇拜，不仅人长得漂亮，而且演技又好。”B说：“赵薇有什么好的，虽然眼睛大，却没有神。不过是幸运而已，有什么值得人崇拜的？”A因为非常喜欢赵薇，不准任何人诋毁他心中的偶像，所以心里就有点生气。这时B又说了：“赵薇真不值得你崇拜。”A本来就很生气，加上B的这句话他就认为B是在侮辱他的人格，觉得B是在骂自己没有眼光，不该喜欢赵薇。所以就跟B理论了起来。而B也不退让，于是两人就因为赵薇而吵了起来，后来越吵越凶。两人的愤怒之火就越烧越旺，最终两人竟然打了起来。

难道A真的到了非发泄不可的地步了吗？如果A当时能够理智地思考，认为B只是说出自己的想法，并没有针对自己的意思，或许这场战争就不会爆发了。何况，这还是因为一个“第三者”引发的“战争”。

当一些人或事引发人们的愤怒时，他们通常会说，我要反击、我要报复，你让我难堪，我也要让你下不来台……其实这种想法是很幼稚的，只能让他们陷入报仇的恶性循环中。

那么怎样才能用理智浇灭怒火呢？

● 照镜子，重新认识自我

当我们生气，愤怒的时候，不妨拿个镜子照一下自己，看自己此时的样子是多么的丑陋。某位哲人认为人在发怒时，即使是美女，也会变成丑八怪。我们平时的笑容、大度、气质、修养或许都会被这场愤怒之火烧得支离破碎，面目全非。在这个时候，我们就会猛然清醒，发现自己是多么的不冷静。

● 再忍耐十分钟

当你非常愤怒，想要喷出愤怒之火时，要告诉自己：再忍耐十分钟。

这十分钟内你可以进行深呼吸，可以走出令你发火的地方，也可以远离那些令你愤怒的人或事，十分钟之后再回来，用理智地头脑来面对这次愤怒时，或许你的愤怒之火已经熄灭了。

● **发现苗头，立即冷静**

当你发现有令你生气的苗头时，要学会尽快把火熄灭在襁褓中，当你与别人争执时，立刻冷静下来，学会沉默，这样或许争吵压根就不会发生，愤怒的火更不会燃烧起来。

● **时刻告诉自己，没有什么值得我们发怒**

你要经常告诉自己，世上没有任何事、任何人能够左右自己的情绪，也没有任何事值得你发怒，即使是发怒了，对自己又能有什么好处呢？要在日常生活中不时浇浇水，降降温，这样愤怒之火就不可能燃烧起来。无论是在工作中还是在生活中，你都要理智地看待身边的人和事。只要你用理智的情绪对待生活中每一个人、每一件事，你的愤怒之火就不会燃烧，你的不良情绪就可以被排解掉，你依然可以用微笑面对生活！

【快乐之声】

假如你一旦喷出愤怒之火，后果只能是把自己囚禁在烦恼、仇恨的“牢笼”中无法逃脱。因为在你愤怒的时候，就会歪曲自己的观点，认为别人是故意让你陷入尴尬，甚至会大打出手。不仅有损自己的形象，而且有失尊严。这个时候，我们就应该冷静下来，用理智浇熄我们心中的愤怒之火。找出令我们发怒的原因，然后站到别人的立场考虑一下问题，看是否真的到了让你怒不可遏的地步。

拔掉焦虑的芽

焦虑指的是在某些时候人们的内心突然感到不安或是产生毫无理由的恐惧、担忧的心理。这是一种复杂的情绪表现，生活中很多人难免会有焦虑：工作压力日益增大，人际关系越来越难处，公司制度越来越严，家庭吵闹逐渐升级。这些都可能影响我们的情绪，让我们陷入焦虑的泥淖中无法自拔。

焦虑源于自身对现实缺乏安全感的心理，这样的人常常瞻前顾后，想要迈步却又不敢向前，总有一种“前怕狼，后怕虎”的胆怯，使得他们止步不前；焦虑的人还常常是满腹牢骚；焦虑的人通常处于紧张的状况下，表现出手足无措的样子；焦虑的人通常也是自卑的人，陷入深深的自责中难以自拔。

丽丽是一家广告公司的主管。三十出头的她业绩一直很出色，一直被领导和同事看做是公司的业务骨干。但是，最近她的工作效率却急剧下降，众人都觉得有些“反常”。原来，这段时间公司要选拔领导，丽丽觉得自己能力突出，踏实肯干，理应被选中，但她听同事在私下里说，公司里某某是老板的小姨子，还说另外一个某某最近经过被老板点名表扬，就是在暗示大家她有可能被提拔。

这下，丽丽开始吃不香，睡不好，她不知道自己能否被提拔，更担心老板会偏心，想想自己这么多年来死心塌地地工作，如果不能提拔，真是窝心啊。她越是这样想，越是觉得老板不会提拔她，因为那两个某某实在是自己的竞争对手，难怪这段时间她们表现得不可一世呢。她越觉得提拔别人的可能性大，越就觉得焦虑不安；越觉得焦虑，越要禁不住去想。

在这样的烦恼和担心下，她在工作中也难免会受到消极情绪的影响。忧愁焦心，人一下子憔悴了很多。

焦虑源于生活压力，但要明白，安心是一天，焦虑也是一天，如果你能明白只要活着就好，那么何不放开焦虑，让自己心安？其实，掐指算来，人生短短几十年，焦虑于未来，焦虑于未知，还不如踏踏实实地做好现在，走好眼下的路，或许还能拥抱一个灿烂的明天。

人世间的环境再复杂，也是客观的，真正难以把握的是自己的内心。内心如果充满焦虑，那你看什么事情都会带着消极的情绪。事物本身并无好坏，影响我们对事物好坏判断的其实是人的心情。心不役于物，不受制于成见、偏见和敌意，不陷入纵欲失控，该吃饭时好好吃饭，该睡觉时好好睡觉，这就是人生的快乐之道，我们应该好好体会，好好把握。

下面几点建议，可以使自己逐步摆脱焦虑：

● 树立自信

我们要对自己有信心，无论做什么事情，都相信自己能够顺利地完成，但最关键的是要付诸努力，找出解决问题的办法，只有这样才能消除焦虑和紧张。

● 给自己创造好的环境

给自己创造一个舒心的环境，在好的环境中我们就会放松自我，就会拥有一个好的情绪，这样就不会产生焦虑，从而把焦虑的萌芽及早遏制住。

● 做自我反省

要经常进行自我反省，很多焦虑的情绪都是在压抑中产生的，所以你要进行自我反省，让自己从压抑的情绪中走出来，当你拥有一个健康的心态，也就不会产生焦虑了，也就拔掉了焦虑的幼芽。

【快乐之声】

我们要想在生活中保持快乐的心情，就应该拔掉焦虑的萌芽，排除掉我们的不良情绪。俗话说：“世上本无事，庸人自扰之。”我们要给自己的心灵开一扇窗，让烦恼随风远逝，不给焦虑留有生长的空隙，不让焦虑拥有喘息的时机，我们就能在生活的海洋里自由翱翔，我们就能在幸福的蓝天下尽情书写自己的篇章！

天下谁人无烦恼

高尔基曾经说过："能生点病是有福的，可以使你摆脱某些不愉快的事情，但是不包括死亡，因为死亡虽说可以使你永远摆脱人间一切烦恼，可是你却又要到地狱去受折磨。"曾光贤也说过："天道谁无烦恼，风过浪也回头。"唐代诗人李白也曾这样描述烦恼："白发三千丈，缘愁似个长。"从古到今，从国内到海外，描写烦恼的诗句不胜枚举，可见天下谁人都有烦恼。

爱迪生是世界伟大的发明家。但爱迪生曾在他小的时候被很多人说成是傻瓜、是笨蛋，甚至就连他的母亲都认为他长大以后不会有什么出息。

小时候的爱迪生学会说话的时间很晚，别人家的孩子都会说话了，他才开始"咿呀"学舌，当小他两岁的妹妹都能自如地跟爸爸妈妈说话时，爱迪生却还在支支吾吾，这是爱迪生幼年的烦恼。

爱迪生终于上小学了，在学校里却被人们说成是傻瓜，甚至被老师逼迫着退了学，这是爱迪生学生时代的烦恼。

长大以后的爱迪生因为热爱实验而把耳朵给弄聋了，于是他便听不到人们再说什么了，这也是爱迪生的烦恼。但是爱迪生却有着开阔的胸襟，对于自己耳聋的烦恼他是这样说的："走在百老汇的人群中，我可以像幽居森林深处的人那样平静，因此耳聋的烦恼却是我的福气，它使我免去了许多的干扰。"

60多岁的爱迪生在一次实验时，不小心烧掉了自己的房子，虽然他很沮丧，但是却表现出他善处逆境的态度，这时的他没有因为这些烦恼而悲伤，反而安慰他的妻子说："不要紧，别看我已经60多岁了，可我并不老，从明天起，我们将忘却烦恼，一切从头开始。"

爱迪生是在烦恼中长大的，尽管他拥有着辉煌的成就，他仍然拥有着平常人的烦恼，我们在看到他光鲜亮丽的一面时，也应该体会到他如常人般烦恼的另一面，只是爱迪生的成就在于敢于面对烦恼，直击烦恼，他能把一切烦恼都看做生活中很小的事情，所以他才能在烦恼中成就辉煌。

我们每一个人都会有烦恼，只是看我们用怎样一种态度来看待这些烦恼，如果我们都能像爱迪生一样把烦恼看做平常的小事，而不是像祥林嫂一样把烦恼之事成天挂在嘴边，落得个惹人厌烦的境地。所以我们要拥有大智若愚的人生态度、海纳百川的宽广心胸，正确地看待烦恼，排解我们的不良情绪。

那么，怎样看待烦恼呢？

● 要有一颗平常心

无论是好事坏事，无论是好人坏人，都是我们生命中必定要经历的。我们要用一颗平常心看待这些，把这些看做对我们生活的一种磨砺。只有这样，我们才可以正确地看待烦恼，才不会让烦恼为我们的人生掌舵。

● 要学会遗忘

人生在世，好与坏、成功与失败、烦恼与快乐都是交替出现的，如果我们的脑子里时刻充满了烦恼，我们的人生也就不会快乐。所以我们有必要把一些东西及时地清理掉，对于一些无关紧要的事我们可以选择遗忘。学会遗忘我们思想上的杂质，保留我们真诚的情感，就可以排解掉我们的不良情绪，就可以微笑地面对生活。

● 要客观地分析问题

从外界环境到我们的内心世界，从别人的阐述到我们的理解，无论哪些方面的问题，我们都应该多方位地进行思考，做到心中有数。只有这样，我们才可以把问题弄明白，我们才可以不让烦恼左右我们的心情。

● 要有相应的方法

对于已经发生过的错误，要有相应的解决问题的方法，然后记住这件事情，记住这次错误，不至于让我们再犯类似的毛病，也就相应地减少了烦恼的发生。

但是烦恼是人类进化的推进器，你发现烦恼，记住烦恼，解决烦恼，最后避免烦恼，这就是人类精神进化的全过程。亨利门肯曾说过：“人活着总是有趣的，即便是烦恼也是有趣的。”我们应该谨记大师的良言，在烦恼出现的时候，先不要烦躁，而要冷静思考它为什么会出现，该如何解决。只要用正确的态度看待烦恼，我们就能在烦恼中成长。

【快乐之声】

无论穷人富人、无论男女老少都会有烦恼，而且谁也逃脱不了烦恼。有钱的人烦恼怎么让钱生钱，没钱的人烦恼怎么有钱，学生烦恼怎么提高成绩，家长烦恼如何教育孩子，中年人烦恼工作压力大，老年人烦恼无事可做……一个人之所以烦恼太多，重要原因就是记性太好，成败得失、恩恩怨怨都记得太牢。所以背的包袱越来越重，烦恼也就会越来越多。

其实，我们生活中的许多烦恼往往都是由一些小事、琐事而导致的。或者可以说是我们太过于在意身边的鸡毛蒜皮而形成的烦恼。因此，不计较一些小事，让自己的心胸开阔，或许就可以减少我们的烦恼。

用乐观化解忧愁

乐观指的是一种积极的生活态度，乐观的人无论在什么情况下，总有一个好的心态，总会相信自己有足够的能力承受各种压力、挫折和不良情绪，总相信黑暗终究会过去，光明始终会来到。而忧愁指的是因遭遇不如意而苦恼的一种消极情绪。忧愁的人无论做什么事情，总是提不起精神，总认为困难是巨大的，总是不相信自己。

生活中，乐观的人享受人生，忧愁的人痛恨人生；工作中，乐观的人解决困难，忧愁的人惧怕困难；家庭中，乐观的人生活美满，忧愁的人争吵不断。我们当然追求幸福的生活，所以我们要用乐观的态度去化解忧愁，就能在生活、工作和家庭中面对一切困难都做到游刃有余。

贝多芬是世界著名的音乐家。他的一生创作了大量的作品。但在他而立之年，却突然地失聪了，面对这个巨大的打击，贝多芬很忧愁。而且这一段时间人们都没有看到他的作品，所以就怀疑他从此以后恐怕再难创作出任何东西，甚至有人怀疑贝多芬会选择自杀来结束自己的忧愁。

然而不久之后，一首首堪称完美的曲子在他全部耳聋的状况下被搬上了舞台。贝多芬说："我的作品不是为个人，而是为未来的一代创作的。"他一直用乐观的心态生活着，他还说当他知道自己耳聋时也曾为此而忧愁，但是忧愁不能解决问题。所以他就采用乐观的生活态度化解生活带给他的忧愁，他听不到旋律，就用手写下一个一个的音符。也是为了创作音乐，贝多芬一生未娶。但他说他自己不觉得不幸，也并没有感到孤单，因为他有着一个乐观的心态，就是对音乐的深深热爱。他说他不仅用乐观的心态化解了忧愁，而且用乐观的心态战胜了孤独。

也因为他拥有着乐观的人生态度，所以他才为世人留下了这么多的音乐。到他去世的前一刻，他还在微笑着创作，乐观地走向了死亡。

如果这位天才作曲家没有乐观的心态面对命运对他的无情嘲弄，如果贝多芬没有用乐观化解失聪给他带来的忧愁，那么他就不会为世人留下那么多优秀的作品。事实上，贝多芬在失聪期间谱出的乐章反而超出了他早期的水准，对于贝多芬这种越磨砺便越显锋芒的人来说，任何困难都算不了什么，因为他的乐观足够带领他战胜一切。

那么我们怎么用乐观来化解忧愁呢？

● 要有自我解嘲的精神

当人们遇到尴尬或是不幸的时候，运用自我解嘲的方式能够驱走痛苦，保持乐观的情绪。希腊哲学家苏格拉底就是采用这种自我解嘲的方法化解了自己的尴尬：有一天他的妻子因为很气愤就骂了他几句，然后还是觉得不解气，就泼了苏格拉底一头水，这时苏格拉底却说："我知道，一阵雷电之后就会有一场倾盆大雨的。"苏格拉底用这种方法不仅避免了妻子的尴尬，也化解了自己的忧愁。所以说当我们处于被动的情况下，不妨采用自我解嘲的方法化解我们的忧愁。

● 要有好的人际关系

拥有好的人际关系，我们就不会孤独，不会一切都"以自我为中心"，我们不会苛求别人接受自己，我们同时还会设身处地地站在别人的立场考虑问题，用他人的眼睛发现自己的缺点，并及时改正。我们就会保持乐观的生活态度从而化解生活中的很多忧愁。

● 不过分要求自己

叔本华曾说过："人生中几乎有一半的麻烦和困扰缘于对自我的过分要求。"是我们的就是我们的，不属于我们的再追求也是枉然。人生就是一个认识、选择、否定自我的一个过程。只要我们经历过、闯荡过、奋斗过就已经做到了实现自我价值。过分要求自己争取得不到的东西，只能给自己带来负累，带来忧愁，所以我们只要做到尽力而为就好，不要对自己太苛刻。

【快乐之声】

有很多人之所以成功，就是因为他们拥有乐观的人生态度。每一个人的成长阶段都有着忧愁，有着低谷时期，一个人从小到大，肯定会经历大大小小的事情，顺境或逆境、忧伤或喜悦、成功或失败。而不顺心的时候，就会忧愁，要想让自己开心起来，就应该具备健康的心态，那就是乐观。

一切和谐与美满，都是乐观的心理造成的，而具有了乐观的心理就能战胜疾病，战胜消极，就能化解忧愁。所以在人生低谷的时候能够选择用乐观的态度化解忧愁，就能走出这个低谷，走向成功。

摆脱自卑的绊脚石

德国哲学家黑格尔说：“自卑往往伴随着懈怠。”自卑的人做什么事情都是无心无力，不敢挑战自我。他们还常常给自己找借口说：“我是从小就笨，我能力不够，我资质太差。”他们总有着己不如人、低人一等的感觉，而这种自卑心理时刻“纠缠”着他们，使他们无法达到自己的愿望，实现自己的理想。

自卑是人生最危险的杀手，它可以轻而易举地毁掉一个颇具才华的人。自卑会消磨一个人的意志，使他的雄心壮志流失掉，变得自暴自弃。

产生自卑心理的因素通常是一些人因为在小的时候受到过心理创伤，或者是因为从小生活环境不好，接受的教育不当；还有些人是因为太过于追求完美，使得自身总有压抑的感觉，这种情况下也会产生自卑的心理。

亚伯拉罕·林肯是美国第16任总统，他不仅领导了南北战争，还颁布了《解放黑人奴隶宣言》，也因此他被评为美国历史上最伟大的总统。

这位伟大的总统出身农庄，当他刚刚9岁的时候他的母亲就去世了，他不得不辍学回家帮助父亲打理农庄，因为只接受了一年的学校教育，林肯曾为此感到自卑。

命运似乎在故意考验这个原本就自卑的小伙子：在他22岁时他的第一次经商失败；在他23岁时因竞选州议员而没被学校录取，工作也丢了；在他24岁时经历了第二次破产；在他26岁时，即将结婚的他，未婚妻却病逝了。他在这个时候，感觉自己似乎被世界抛弃了，一种人生的挫败感使他的自卑心理更加膨胀，也使他沉浸在极度的悲伤中难以自拔，在床上躺了整整六个月。而这个时候他的朋友史密斯告诉他：“上帝是为了给你更多丰厚的东西，才会给你这么多的磨难，只要你摆脱掉这些阴影，勇敢地去追求自己的梦想，你一定会得到你想要的东西。”

林肯在听到这番话后恍然大悟，开始积极地进取，拼命自修克服了自身知识的贫乏，用坚强的意志渡过了这次的难关，也终于摆脱掉了他自卑的绊脚石，成功地当选为美国第16任总统。

如果林肯没有摆脱自卑的绊脚石，那么他就不会实现自己的梦想，那么也就不会成为美国最伟大的总统。可见强者、成功者并不是天生的，他们也有自卑的时候，只是他们懂得怎样摆脱自卑的绊脚石。

生活中的我们或多或少都有着自卑的心理，偶尔会消极认命，偶尔也会自暴自弃。我们如何才能像那些成功人士一样，摆脱自卑的绊脚石呢？

● 用正确的态度认识自己

俗话说“尺有所短，寸有所长”每一个人都有着优点和缺点，关键看你用什么态度来看待自己。如果我们只能看到自己的缺点，看不到自己的长处，就会把缺点无限量放大，优点也会慢慢忘却。所以，一定要以正确的态度看待自己，有缺点不要躲避，有优点我们也要重视它，并且要加以应用。以正确的态度要求自己、认识自己，看到我们的长处，从而向着适合自己长处的方向发展，来增强自己的信心，那么自卑的绊脚石也就没有了立足之地。

● 用实际行动改变命运

对于我们的过去，我们要有清楚的认识，俗话说：“我们不可以改变出身，但我们可以改变命运。”正视自己的过去，承认接受自己的出身，并把它作为自己的奋斗的动力。家境不好，教育不好，都可以通过我们的实际行动来改变，或者通过其他方面的努力来弥补这种缺憾。不听从命运的摆布，不放弃自我，做出实际行动，也就可以一步一步地摆脱自卑的绊脚石，就可以改变命运。

● 用乐观态度面对挫折

我们在通往成功的路上肯定会面临挫折，这个时候，我们要用乐观的态度面对。美国通用电气公司创始人沃特曾说：“通向成功的路，用乐观的态度面对挫折。”面对挫折，我们唯有保持乐观的心态，不能输在自己的身上，才能走出挫折的阴影，才能摆脱自卑的绊脚石，才能走向成功。

【快乐之声】

一个有着自卑心理的人，他的弊端就是：总是拿别人的优点跟自己的缺点相比较，经常感觉自己一无是处，甚至有的人还会有一种无法在社会上立足的思想，导致自己做什么事情都紧张，越是紧张，就越是表现不好，越是表现不好，就越是自卑，陷入这种恶性循环中难以解脱，也就难以有一个好的心态来面对生活。

俗话说："天下谁人不自卑，无论是圣人贤士，无论是贩夫走卒。"可见世人都有着自卑的心理，然而有一些人，却能够运用正确的方法，踢开自卑的绊脚石，走向成功。

别让压力压垮你

压力是人们面对刺激产生的一种心理与生理上的综合感受能力，是由失败和挫折所造成的正常心理反应。生活中，人们都在孜孜不倦地追求着自己的目标，有人想站得比别人高，有人想看得比别人远，有的人想赚得比别人多，这就需要付出不断的努力，而且在这些努力的背后还隐藏着一个巨大的代价，那就是无尽的压力。

姚明是中国篮球的标志和骄傲，几乎有姚明的地方就有胜利的希望，但是就在姚明刚刚恢复好身体参加火箭队与湖人队的比赛时，却因备受压力而失败退场。

姚明在那晚的比赛时出手了18次，却只投中了6次。这对姚明来说确实是发挥失常。出色的命中率是姚明的看家本领，可是那个晚上，绝招居然失灵了。姚明在那晚的比赛中不仅发挥失常，而且还连被罚球，居然被罚了35个球。比赛结束后的姚明使劲地砸了一下自己的腿说："怪我，我没打好。"

后来姚明解释当时是太急于成功了，也就让自己背负了很大的压力，从而导致发挥失常，上场之前姚明就担心自己，怕自己做不好，影响了自己在人们心中建立起来的高大形象。姚明告诉自己"一定要干得漂亮"，就是为了对得起那些崇拜自己的人，这让姚明有了压力，也因为姚明在上一场的比赛中取得了优异的成绩，队友们都把希望寄托在了姚明一个人身上，这也就无形地又增大了姚明的压力。

正是因为这种压力，压垮了姚明的自信与从容，让姚明面临了惨痛的失败。教练阿德尔曼也说："整个世界的压力都压在了姚明的肩上，失败不能怪他。"生活中最大的讽刺就是你搞砸了自己最擅长的事情，而姚明也牢牢记住了这个时刻，姚明说："站在罚球线上后，我想得太多了，平时罚球我什么都不会想。"

听了姚明这句话，人们也就知道了姚明这次失败的原因。那就是压力压垮了他，太急于成功的愿望竟使他与成功失之交臂。

可见压力有时候会压垮一个人。不管你是名人还是普通人，生活中总会有着各种各样的压力，但千万不要让压力压垮你。

在工作中，对于上司给你的压力，你要正视它，不能盲目地给自己施压，要学会适当地排解自己的压力，不让压力压垮自己。

潘洁是上海交大的一名刚毕业的大学生，毕业后她就去了上海的一家会计所做审计员，繁重的工作使她常常加班到凌晨三四点。竞争的激烈使她没有时间回家，没有享受过阳光的温暖。这种种压力强加在她的身上，使得只有25岁的她因为过度劳累而死亡。

潘洁就是对于上司给她的压力，不懂得表达自己的不满，也不懂得发泄自己的压力，导致了年轻的生命被压力给摧毁的悲剧。在学校里，对于老师和家长给你的压力，你要直接告诉他们你所能达到的期望值，不能强行给自己压力，这样不仅不能提高你的学习成绩，而且有时候会让你产生厌学的情绪。面对家庭中的压力，我们要懂得与家人沟通，时时与家人分享内心的高兴与悲伤。

在形形色色的压力面前，我们可以按照以下两点去做。

● 换一个角度看问题

面对失败的压力，我们应当运用积极的态度看待问题，这次的失败或许就是为下一次的成功铺路，这样看待问题，也就不再惧怕任何失败的压力了。爱迪生被采访时曾经说过："当你面对失利和挫折，你可以告诉自己，我又一次成功地证明了这个方法不行。"我们可以试试看，或许这个方法有着惊人的力量，或许这个方法就能让我们摆脱掉压力的束缚。

● 让压力成为我们的动力

面对已有的避免不了的压力，我们应该把它转化成为动力，要这样告诉自己：上帝允许我们实现愿望，必然会先派给我们一些任务。"天将降大任于斯人也，必先苦其心志，劳其筋骨，饿其体肤，空乏其身，行拂乱其所为，所以动心忍性，曾益其所不能。”而我们的压力恰恰是实现愿望的前提，这样，我们就不会把压力视为可怕的阴影，把压力视为动力，就不会感觉到累，也就不会让压力把我们压垮了。

【快乐之声】

现如今，压力已经成为了时代的通病，无论在工作中、学习中还是在家庭中，压力好像无时不在，沉甸甸地压在我们的身上，有的人面对压力采取了主动的方法，把压力变成了他们前进的动力，而有的人面对压力则很被动，常常让压力压得喘不过气来，也有一些人因为承受不了巨大的压力，最终被压力压垮。

嫉妒是生命的桎梏

嫉妒是一种缺陷心理，嫉妒是心灵的地狱，嫉妒的人常常表现出一种变态的情感，它包含着羡慕和憎恨、猜疑和失望、虚荣和屈辱。嫉妒指的是当别人拥有好的生活或是较高的地位时，自己却因达不到而产生的一种病态心理。

翁美玲是《射雕英雄传》中黄蓉的扮演者，人们或许不熟悉翁美玲，但戏里那个精灵古怪的黄蓉人们一定不会忘记。翁美玲当年因拍摄此剧而大红大紫，而这个时候的翁美玲也正在跟汤镇业谈恋爱，这种事业和爱情上的双丰收让翁美玲的生活充满了喜悦。她还在媒体面前高调示爱，说她会跟汤镇业结婚。

而随着汤镇业在娱乐圈里也越来越红，逐渐传出汤镇业与一名女歌手交往的绯闻，这个信息传入了翁美玲的耳中，使得翁美玲开始坐立不安，本就因为两人聚少离多而内心担忧的她在听到这些传闻后不禁心乱如麻。翁美玲本身就很好强，对于自己的男朋友在外拈花惹草根本就无法忍受，所以这种无名的嫉妒在翁美玲的心中慢慢生长着。

几个月后，汤镇业拍完戏回家，翁美玲并没有给他好脸色看，因为嫉妒之火已经在翁美玲心中愈演愈烈，她不住地问汤镇业，是不是背着她在外面交了别的女朋友，甚至怀疑汤镇业已经移情别恋了。眼看着汤镇业的心离自己越来越远，翁美玲整日坐立不安，她开始选择与别的男人来往来引起汤镇业的重视，却弄巧成拙，让汤镇业彻底地离开了她。就在汤镇业回来收拾自己的衣物时，翁美玲的嫉妒已经把她的理智给完全击倒，她对着汤镇业开始大吵大闹，甚至以自杀来威胁汤镇业。

翁美玲在汤镇业毅然决然地走后，最终还是选择用死亡结束这场嫉妒，结束了这段恋情，也结束了自己的生命。

如果翁美玲能够及时发现自己已被嫉妒缠上，就能采取相应的措施摆脱嫉妒。海涅说："失宠和嫉妒曾使天使堕落。"可见嫉妒如毒素，不但可以生长，还可以置人于死地。法国作家拉罗会弗科也曾说过："嫉妒是万恶之源，怀有嫉妒之心的人不会有丝毫同情。"总而言之，嫉妒不仅使自己受尽折磨，甚至有可能伤害到别人。

那么我们如何才能摆脱嫉妒的桎梏呢？

● **承认别人比自己好**

巴鲁克说："不要嫉妒，最好的办法是假定别人能做的事情，自己也能做，甚至做得更好。"我们之所以会嫉妒，就是缘于我们认为别人比自己好，但是又不甘心，所以选择采用极端的心理折磨自己，损害他人。这时，只需要我们勇于承认别人比自己好，并且自己可以尝试再做一次，用正确的心理看待这个问题。俗话说："人外有人，天外有天。"我们只有承认这个真理，并且把对别人的嫉妒转变为前进的动力，或许嫉妒不但不会牵绊住我们的生命，还会带领我们前进。

● **扩展自己的视野**

嫉妒的人大都心胸狭窄、目光短浅，他们的眼光只局限于身边的一些人、一些事，久而久之，就会比来比去，慢慢地也就产生了攀比心理。嫉妒缘于攀比，所以嫉妒之心就会随之产生。我们只有不断地扩展自己的视野，认识更多的人，才能看得更远。在大环境中也就会承认自己的渺小，并承认自己需要不断地扩展自己的视野，提高自己的水平，才能站得更高，飞得更远，才能够突破嫉妒的桎梏。

● **转移自己的注意力**

当嫉妒的种子在心中萌芽时，我们应该及时地转移自己的注意力，不让它在我们心中生长。我们可以适当地参加一些对自己有益的活动，把心思放在欢乐上，放在其他活动中，只有这样，嫉妒的种子就不会在我们的心中滋生，我们也可以摆脱嫉妒对我们生命的桎梏。

【快乐之声】

嫉妒的人常常拿别人的好来折磨自己，嫉妒的人不能容忍别人的好，甚至

会想方设法地破坏别人的幸福。莎士比亚说过："你要留心嫉妒啊，那是一个绿眼的妖魔。"可见嫉妒心理是多么可怕。

嫉妒的人在做事的时候，会产生强烈的排他性，他们会中伤别人，怨恨别人，从而由嫉妒心理演变为报复心理，他们会把嫉妒的对象作为发泄的目标，使之蒙受精神或肉体的损伤。而这个时候他们会因得到了发泄而产生变态的喜悦。培根曾说过："嫉妒会使人得到短暂的快感！也能使不幸更辛酸。"他的意思是说，嫉妒的人因为报复了别人而得到了欢愉，也因害了别人而使得自己本来的不幸变得更加辛酸，因为嫉妒终会害人害己。

对待挫折不气馁

我们的一生就好比流入大海的河流，无论是在多么平坦的大道上，总会碰到岩石，总会激起波浪。

司马迁是我国西汉时期的史学家、文学家。但是他因为替李陵说了几句好话，便被施以宫刑，但是司马迁在这种挫折下，仍然坚持写作，为世人留下了《史记》。这部著作被鲁迅誉为“史家之绝唱，无韵之离骚”。司马迁在面对挫折时没有气馁，终于渡过了难关，得到了事业的成功，也赢得了人们的尊重。

阿尔弗雷德·伯纳德·诺贝尔是瑞典著名的发明家，他一生中发明了无数的东西，为世界作了巨大的贡献，也为他自己创造了财富，并在死前用自己的钱创立了诺贝尔奖。

但就是这样一位伟大的发明家，曾遭遇了无数次的挫折。

诺贝尔31岁时，因为发明液体炸药，一不小心导致他所在的工厂发生爆炸，他的弟弟和另外四个人被炸死。因此政府下令禁止他再重建工厂。被誉为“科学疯子”的诺贝尔对待挫折没有气馁，而是转入海上，继续发明他的炸药。

诺贝尔33岁时，因为发明的火药很多出现了问题，各地都取消了购买他的炸药，他的公司顿时陷入危机，面对这种挫折，诺贝尔仍然没有气馁，而是更加卖力地研发新的火药。

诺贝尔37岁时，他的工厂再次爆炸，再次造成巨大的损失，面对这些考验，诺贝尔都没有被吓到，他又在反复研究的基础上，发明了安全性更高的炸药，这种火药在火烧和锤击下都表现出极大的安全性。终于诺贝尔解除了人们对于使用火药的顾虑，也再次获得了信誉，炸药工业也很快地得到了发展。

诺贝尔一生获得的发明专利有355项，经历的爆炸次数有104次之多，对于这些接踵而至的挫折，诺贝尔没有气馁，才有了今天的成功。诺贝尔自己也说："没有这么多次的爆炸，也就没有这么多的成功，对待挫折不气馁，就能实现目标！"

雪莱说："冬天来了，春天还会远吗？"面对挫折，诺贝尔用毅力向我们证明什么是坚韧。其实，挫折来临就像洪水来袭，你所能做的不是逃跑，也不是躲避，而是勇敢地战胜它。

在巨大的不幸面前，诺贝尔选择了不气馁，选择了勇敢，选择了坚强，也就选择了成功。当我们遇到挫折时，我们也要像诺贝尔一样，对待挫折不气馁，不要被困难所打倒，我们的世界就会迎来光明。

有道是："人间没有不凋谢的花，世上没有不曲折的路。"可见生活中的挫折是不可避免的，我们在成长途中，总会遇到坎坷，遇到不顺心。我们要想取得辉煌的人生，就应该用正确的态度对待挫折。那么面对挫折，我们是选择逃避退缩，还是迎难而上呢？其答案是显而易见的。

怎样面对挫折呢？

● **给自己积极的暗示**

每一天都对自己说"我很好，我能行"来增强我们的自信心。这样不管遇到多大的挫折，我们都会有战胜的信心与决心。我们就不怕面对挫折，因为我们有信心战胜一切挫折。郭沫若说过："一个人总有些拂逆的遭遇才好，不然是会不知不觉地消沉下去的，人只怕自己倒，被别人骂不倒。"所以人生经历一些挫折是好事，只要我们渡过了这个挫折，我们就会有所进步。

● **用正确的态度看待挫折**

要知道挫折是每个人必经的过程，任何人的成长都不可避免地会遇到不同程度的挫折，只有用正确的态度看待挫折，才不会被挫折所吓住，才敢于正视挫折，才能用勇气面对挫折。

● **有勇于战胜挫折的心理**

与挫折没有必要打持久战，我们要想出解决的办法，首先就要有勇于战胜挫折的心理，这样才不会气馁，我们才会在挫折面前积极地采取措施。巴尔扎克曾在他的拐杖上写过这样一句话："我能战胜一切挫折。"

也正是他有这种坚强的信念。巴尔扎克才成了举世闻名的大作家。

【快乐之声】

巴尔扎克曾经说过：“挫折和不幸，是天才的进步之阶、信徒的洗礼之水、能人的无价之宝、弱者的无底深渊。”对待挫折不气馁，我们还可以收获丰富的经验。

假如我们退一步，在挫折面前选择逃避，或许我们的下场会像李后主一样，亡国之后不思进取，最后客死他乡。当然我们的后果或许没有这么严重，但是面对挫折，选择逃避退缩，带来的必然是失败。

假如我们勇敢前进一步，对待挫折不气馁，迎难而上，就像越王勾践一样，卧薪尝胆以待东山再起，终于夺回了属于自己的江山。如果我们能够向勾践学习，对待挫折不气馁，或许我们收获的不只是成功。

Part 5 学会为心疗伤
情绪的转移与调节

生活是一个五味杂陈的大酱缸，我们身在其中就要学会“品尝”它的各种味道，我们喜欢享受幸福的甜蜜，但也要学会承受痛苦的考验，因为两者都是我们必须要经历的，而后者更应该引起我们的重视。学会调节情绪，恢复平静，这才是一个人正常的心理反应，而情绪调节得越快越好，便表明这个人的心理非常健康，心智非常发达，也更能够减少所受的痛苦，增加享受幸福的时间。所以，心里产生坏情绪并不可怕，重要的是自己要学会调节情绪，保持情绪处于一个良好的状态。

让漂亮的衣着转移你的注意力

生气、愤怒、抑郁……坏情绪在我们的工作和生活中时常出现，如果自己不会调节而任由坏情绪不断发展，就会产生更加严重的后果。学会调节情绪是每个人必须掌握的技能，然而你是否懂得与自己“朝夕相处”的衣服也在或多或少地影响着自己的情绪呢？

在人类社会文明高度发展的现在，衣服已不再是简单的御寒蔽体的东西，其在人们的生活中已占据越来越重要的地位，对人们的影响也越来越大。英国著名的心理学家宾尼博士就通过研究发现：人的情绪也与衣服有着非常微妙的关系。

打一个简单的比方，比如在自己心情不好的时候，黑色的衣服给自己的感觉是压抑和苦闷，会加重自己的坏情绪，而色彩明亮的衣服则能让自己感到放松，产生焕然一新的感觉，这就是衣服的色彩对自己的影响。除此之外，衣服的款式、质地，甚至做工的精细程序都会对情绪产生影响。

李兰前段时间刚离婚，这对她来说是个非常大的打击，倾心构筑的家庭城堡就这样轰然倒塌，李兰心里非常不甘心，但又无可奈何。为此，李兰的心情十分低落。

朋友看到李兰这样，就过来劝她宽心，并坚决要拉李兰出去逛街。李兰知道朋友也是一片好意，怕她一个人胡思乱想，就答应同朋友一起出去，虽然自己很不情愿。

就在李兰要出去的时候，却被朋友拦下了，朋友说：“你穿这身衣服也好意思出去？”李兰仔细一看才发现自己的衣服皱巴巴的，胸前还沾着一小颗米粒，李兰这时才意识到自己已经有一个多星期没换过衣服了。

在朋友的建议下，李兰换上了一身漂亮的碎花连衣裙，戴上了自己最喜欢的珍珠耳钉，朋友还“大方”地把一副时尚墨镜送给了她。经过这一身装扮，李兰的心情也变好许多，一直想着衣服如何搭配，把离婚的烦恼事就丢到一边去了。

李兰的悲痛是可以理解的，而她沉溺于这种悲痛之中无法自拔虽然让人同情，但却十分不可取。坏情绪就像一个泥潭，这种感情的泥潭是无法用感情来使自己得到解救的，只有通过理性的行动改变自己的处境，让积极的因素来影响自己的情绪，才能使情绪得到改变，李兰正是通过换一身漂亮衣服的办法做到了这些。

在这里要特别说明的是，衣服对人的情绪的影响，是通过人的潜意识产生作用的，当事人有时并不会明显对衣服产生厌恶或喜爱感觉，但心情却因为衣服所呈现的某种因素的“暗示”而变得加重或减轻。这就是衣服能够对人的情绪产生影响的心理原因。

既然衣服对情绪有如此大的影响，那就让我们仔细来看一下什么衣服会让我们心情愉悦，而什么样的衣服又会让我们郁郁寡欢。

● 质地

在衣服质地的选择上，尽量以柔软为宜，如针织、棉布、羊毛等衣服，这种衣服材料质地柔软，能给人一种和善、随和的感觉，而质地坚硬的衣服则给人一种僵硬和不快的感觉，让人的心情不容易表现出随和的一面。

● 款式

就衣服的款式而言，宽松的衣服会让人心情舒畅，而过于紧束的衣服则会给人以压迫感，让人在心理上有一种不畅快的感觉，增加坏情绪出现的可能。在衣服的具体穿着上，女性要尽量少穿窄裙、连裤袜和紧身牛仔装等束缚性较强的服装。

● 颜色

在衣服颜色的选择上也要特别注意，颜色对人的影响特别明显，尤其在心情不好的时候，要尽量避免穿一些深色的衣服，比如黑色或深蓝色、深红色等，这些颜色较浓的衣服给人的刺激比较强烈。总之，一定要避免大红大紫的装束，改以浅淡为主，如男性可穿浅蓝色衣服，而女性则可选择粉色、黄色和绿色等衣服舒缓自己紧绷的神经。

【快乐之声】

在心情不好的时候，特意换一件以前非常喜欢的衣服也会让自己感觉好很多，这主要是因为这件衣服可以唤起自己以前的美好记忆，将注意力转移到对过去的美好回忆之中，让自己暂时忘却眼前的烦恼，以达到调节情绪的目的。

对于男性来讲，除了注意以上的事项外，在心情不好的时候记住最好不好打领带，打领带会有一种强烈的束缚感，而且打领带作为一种正式场合的打扮，会从心理上激起人的庄重和谨慎的感觉，这两种感觉会进一步加重自己的紧张情绪，从而加重自己的坏情绪。

另外，在选择衣服时还要注意不要穿一些易皱的麻质衣服，毕竟皱巴巴的感觉让人看来就不舒服。在情绪不好的时候就更要避免穿着此类材料制作的衣服，皱巴巴的衣服会让人产生不干脆、没头绪的感觉，会让本来一塌糊涂的情绪变得更为糟糕。

在运动中忘记痛苦

英国《运动医学杂志》曾报道过德国柏林自由大学一名医生的研究成果，这名医生让10名患有重度心理疾病的患者每天坚持运动30分钟，运动量逐渐增加，结果在一个月后他发现其中6名患者的病情有较大改善，其他4名患者病情也有了轻微改变。这项研究提示了运动对人的心理层面的积极影响，对一些负面的情绪，可以通过运动进行改善和治疗。

在现实生活中，不乏在心情苦闷的时候通过运动来调节情绪的事例，比如有些人生气时会选择去跑步，跑得大汗淋漓回来之后，情绪也变得好多了，这就是运动舒缓负面情绪的表现。人体是一个有机联系的整体，虽然情绪属于心理活动，而运动属于生理活动，人体机能的相互作用使得两者之间产生着某种必然的联系。因此，通过运动来改变自己的情绪是完全可以做到的。

运动能够减轻大脑压力，从而舒缓自己过激的情绪，在开始运动后，四肢的神经变得逐渐兴奋起来，转移了大脑的注意力，使脑部神经的紧张程度下降，大脑的亢奋程度得到了抑制，使自己激动的情绪也因逐渐地失去了“后续力量”而慢慢地变得平静。

央视著名主持人崔永元曾患有严重的抑郁症，每天都要服用安眠药才能入睡，抑郁的心情也在很大程度上影响了他的正常工作和生活，让他的处境变得十分糟糕。

2006年5月，崔永元发起了“重走长征路”活动，这一旨在宣传革命精神的举措，也成了崔永元摆脱抑郁困扰的一个重要契机。在“重走长征路”的活动中，崔永元每天都要步行十几千米的山路，累得实在不行了，就歇一会儿，然后继续走。每天晚上休息时，崔永元都是非常疲倦地倒头便睡，根本不用再服用安眠药了。

等到2007年年初活动结束后，崔永元的抑郁情绪好了许多，为了继续使自己的情绪得到好转，身在北京的崔永元每天都坚持走15千米的路，从家里一直走到中央电视台，还要再绕着中华世纪坛走两圈。通过这样的运动，崔永元改变了自己的抑郁情绪。

崔永元作为一名央视主持人，在物质生活变得充裕的同时，精神上却遭受了抑郁症的困扰，对此，崔永元想必也想过各种办法，但最后却是通过举办“重走长征路”的活动找到了解决方法。由此看来，运动对改变一个人的心情有非常重要的作用。

人的情绪有焦虑、紧张、抑郁、愤怒等多种情况，而运动的方式也多种多样，在出现不良的情绪时，并不是随便一种运动方式就能排解掉自己的负面情绪，运动的种类和情绪的种类之间也存在着某种微妙的联系。美国医学界通过对1000多名病人长达18年的观察表明，不同的不良情绪，有特定的运动方式与之相对应，这种特定的运动方式能够更好地缓解病人的某种特定情绪，具体情况如下：

● 紧张，对应运动为足球、篮球

足球和篮球是一种争夺式的运动项目，球场上情况多变，形势激烈，在运动过程中，参与者的大脑和身体同时处于高度紧张的状态，这对加强自身对紧张的适应程度有非常大的锻炼作用，长期坚持下去，会让自己对紧张情绪有良好的承受能力。

● 抑郁，对应运动为网球、台球

心情抑郁的人情绪比较脆弱、敏感，不适合做太过于复杂激烈的运动，但也最好不要做那种独自一人进行的运动，这样会加重其抑郁的程度，最好选择网球、台球等不太激烈，但又需要与人一同进行的运动，这样既能照顾到抑郁病人脆弱的情绪，又能让其在与别人的交流中逐渐减弱或消除抑郁的情绪。

● 愤怒，对应运动为器械运动、登山、快速跑

人在愤怒时，内心积聚了很多情感的能量需要发泄出来，所以，应对愤怒的情绪就要从事一些激烈、刺激的运动，以使自己激动的情绪在激烈的运动中得到释放和发泄，让自己的心境重归平和。

【快乐之声】

运动能够让自己摆脱痛苦的环境，将注意力转移到自己正在运动的环境中来，分散痛苦的情绪。运动是最好的转移注意力的办法，在开始运动后，人的注意力会不由自主地转移到周围的环境，不管自己有没有兴趣，周围的事物都会对自己产生一定的影响，这种影响会慢慢地将自己过多的情绪压力分解掉，直至自己恢复平静。

“吃”掉坏情绪

我们在心情不好的时候最先想到的是调节心情，排遣坏情绪，然而你知道改变饮食也可以调节自己的情绪吗？你知道肉吃多了容易冲动，糖吃多了容易发怒吗？山楂能够消怒，鸡汤能够止悲，你是否听说过？本节就哪种食物治疗哪种坏情绪做一次有针对性的解说，让您了解食物与情绪间的神秘关系。

通过食物来调节情绪属于中医的理论范畴，最具代表性的就是“食疗”，即通过调节饮食来达到治病的目的，比如中医治疗上有“顺气”一说，其实就是通过饮食改变人的生理感觉，进而作用于心理。莲藕和萝卜都是顺气佳品，它们能够有效缓解胸闷症状，让心情舒畅轻松。

亚洲影后周迅在谍战片《风声》中饰演顾小梦，由于拍摄进程非常紧，拍场现场的气氛又非常紧张，周迅经常处于一种非常焦虑的状态之中，有时候戏拍完了，周迅的焦虑情绪都得不到缓解。为了让自己有个好的心情，周迅想出了“白水煮面条”的减压绝招，她准备了一口锅放在身边，心情焦虑时，她就会自己烧水煮面条，然后放很多的菜到里面，她相信吃素食能够缓解自己的焦虑。

味觉和心灵是相通的，味觉上的任何变化都会在心理上得到相应的感知和回应，所以，通过味觉调节情绪的做法是非常有效的，并且，这一方法在古今中外早已被广泛认可并使用。

在现代饮食学上，也有关于饮食能够改善心情的说法。比如，将两种截然不同的味道合在一起吃就会引起人在味觉上的新鲜感，从而有效地改善心情，此类食物常见的有糖醋排骨、糖醋鸡块等。无独有偶，在英国也流行有一种“情绪食品”，这种食品包含有丰厚的脂肪酸、氨基丁酸、B族维生素等物质，能够有效地调节人的情绪。

虽然英国的“情绪食品”还没有传到我国，但依据一些相同的原理，我们可以通过对各种食物的配合食用，来制作我们自己的“情绪食品”：

- **“情绪食品”之消怒食物**

发怒是我们最常有的一种情绪，但经常发怒的话会对我们的身体造成很大的伤害。在发怒的时候，我们不妨多吃点山楂、莲藕、萝卜，以达到顺气开胃，养心安神的调节作用，对排解愤怒情绪有非常重要的作用，此外经常饮用玫瑰花茶也能够有效地抑制愤怒情绪的产生。

- **“情绪食品”之除虑食物**

含钙、钾类物质的食物有助于缓解焦虑。含钙类食物如牛奶、豆腐、芝麻酱等，含钾类食物有花生、豆子、香蕉、菠菜等，食用这些食物可以有效缓解自己的焦虑情绪，舒缓神经、放松心情，避免因为心理压力过大而使情绪失控。

- **“情绪食品”之降躁食物**

缓解急躁情绪的一个大方针就是少吃肉、多吃素。肉类食品摄入的过多会使人体内的肾上腺素水平增高，进而使人产生烦躁的情绪。而水果、蔬菜内的B族维生素却可以有效地缓解烦躁情绪，起到“镇静剂”的作用。因而，养成多吃水果、蔬菜的习惯，不仅对身体健康有益，对保持好情绪也有十分良好的作用。

- **“情绪食品”之止悲食物**

悲伤情绪的产生与体内色氨酸的缺乏是有一定联系的，在日常生活中多吃一些黑大豆、南瓜子仁、鱼片等富含色氨酸的食物对缓解悲伤情绪有非常好的效果，另外，鸡汤对调节悲伤情绪也有非常好的作用，鸡汤里含有多种游离氨基酸，其作用于人体后会提升人的活力和激情，让自己保持积极乐观的生活态度，进而远离悲伤情绪。

- **“情绪食品”之释压食物**

成堆的工作总会造成很大的心理压力，而过大的压力是一切坏情绪的根源，因此，学会释压非常重要。营养学家帕特里克·霍尔福特通过研究指出，菠菜是最好的减压食物，菠菜中含有大量的镁元素，而镁是放松大脑和身体的重要物质，另外，它所含有的维生素C也是一种非常有效的降压物质。不过菠菜的做法要特别讲究，需要用旺火炒一份菜，在出锅前再把菠菜放上去，这样菠菜里的营养物质就不会被高温破坏掉了。

【快乐之声】

需要指出的是，“情绪食品”对情绪的影响是一个缓慢的、长期的过程，不可能像打针一样产生迅速明显的反应，通过饮食调节自己的情绪是健康生活的重要一面。只有将它作为一种习惯确定下来，长期坚持，那么在以后的生活中会使自己的情绪保持在一个良好的状态，使不良情绪发作的次数和强度减少和减弱。

让音乐为你疗伤

贝多芬曾有言道："音乐是比一切智慧、一切哲学更高的启示，谁能参透我音乐的意义，谁便能超脱寻常人无以自拔的苦难。"贝多芬是音乐天才，懂得音乐所能给予人的巨大震撼力量，也坚信音乐能够消除人的悲伤和痛苦。贝多芬对音乐的了解是我们所无法企及的，其对音乐的阐述也值得我们加以注意和学习。

"谁能参透我音乐的意义，谁便能超脱寻常人无以自拔的苦难。"作为凡夫俗子的我们，即使没有音乐上的天赋，无法达到"超脱苦难"的最高境界，但在遭受痛苦时，只要懂得欣赏音乐，哪怕是当下的流行音乐，也一样能够让我们饱受负面情绪折磨的心灵得到一丝安慰。

用音乐调节情绪的做法，国外早已有之，20世纪50年代，美国出现了第一个国家承认的"音乐治疗家"，其所谓的音乐治疗就是通过让病人收听特定类型的音乐，以达到放松身心、舒缓压力的目的。这也使得音乐对心理的调节作用第一次被人们所正视。

近年来，音乐治疗已经在欧美各国遍地开花，许多医院的心理门诊和养老院都采用音乐治疗的办法调节病人的心理情绪。曾有一项研究表明，一首小提琴协奏曲能使高血压症患者的血压降低10～12mmHg，甚至有些产妇在分娩时也会听音乐，以帮助她安定烦躁不安的心情。

最近几年，韩国首尔地铁站内卧轨自杀的人数不断增加，为了避免更多的人卧轨自杀，减少悲剧的发生，首尔地铁站采取了一项特别的举措——在地铁站内播放音乐。首尔地铁站一共选择了76首古典音乐和一些其他类型的音乐，在地铁站内循环播放。地铁部门负责人说希望通过这种办法减轻人们的压力，使想要自杀的人有所感悟，从而放弃自杀的念头。

音乐治疗较于其他的治疗方法有一个显著的特征，那就是它需要病人在主观上给予积极的配合，只有在内心对音乐积极主动地领会和感悟，才能让音乐的治疗效果更加明显。

在现实生活中，每个人的爱好、情感取向、兴趣有所不同，所以对音乐的感知也会不尽相同，同一首音乐对这个人非常有效，但在另一个人看来却淡而无味、毫无感触。因此，在进行音乐治疗时，要在遵守大前提的情况下，根据每个人的具体情况进行音乐的选择。

一般来说，庄严的音乐能拓展人们的想象空间，旋律悠扬的音乐则能给人一种积极向上的感觉，轻快、抒情的音乐更适合人们休息，在具体选择音乐用以调节心情时，大体也是按照这个原则进行选择的。

具体来说，对于情绪比较暴躁，容易生气的人，则适宜让其多听一些旋律舒缓的轻音乐，如久石让的钢琴曲、莎莉花园等，在这些悠扬安静的音乐之中，人内心里的理性思维得以回归和加强，愤怒的情绪由于失去了情绪化的感情做基础，便会迅速地萎缩，直到消失。

在缓解紧张情绪上，音乐的选择范围较为广泛，不用选择固定的曲目或类型，只要曲调舒缓，曲风清新即可，重要的是在听音乐的时候要集中精力，并按照以下规程进行：每次治疗时间持续30分钟，分两个阶段，第一个阶段播放旋律感比较强的音乐以促使自己尽快将注意力转到音乐之上，第二个阶段播放比较悠扬的音乐以促进自己产生联想，进入到音乐的意境之中。

在情绪低落、抑郁、悲观时，则最好选择一些节奏感强、轻松愉快的音乐倾听，这类音乐能够不断对不良情绪进行弱化和削减，驱散笼罩在寻求治疗者身上的不良情绪浓雾，使寻求治疗的人能够有一种“拨开云雾见青天”的感觉，重新看到生活的希望，进而使其情绪得到很好的改善。

【快乐之声】

下面列举了与各种情绪相适应的一些音乐曲目，以供参考：

心情沮丧：艾尔加《威风凛凛》、布拉姆斯《匈牙利舞曲》。

抑郁：莫扎特《第四十号交响曲》、盖希文《蓝色狂想曲》。

悲观：贝多芬第五号交响曲《命运》、柴可夫斯基第六号交响曲《悲怆》。

慵懒：韩德尔《水上音乐》组曲、德布西管弦乐组曲《海》。

烦躁：孟德尔颂《仲夏夜之梦》、莫扎特《摇篮曲》。

冷处理避免冲突

香港知名心理医生顾修全曾经说过："真正的管理人是去管理人的情绪。"情绪的变化难以捉摸，管理起来更加困难，而如果能够做到避免发生冲突，也能在一定程度上遏止不良情绪的蔓延。在避免冲突的方法中，冷处理的方式是最常用，也是最贴近实际的。

在情绪不稳定的状态中，自己可能已经无法再想出解决冲突的好办法，而盲目地采取行动会增加产生冲突的可能性，所以，暂时的维持"不作为"的状态，将矛盾"晾一晾"，待自己情绪稳定或外界环境的变化有利于矛盾的解决时再采取行动，更加有效地解决矛盾。

冷处理能够让自己避开情绪的激动期，以更加理智的心态去对待矛盾，作出最合理的决定。由于矛盾的不断积聚，使自己的情绪中充满了负面的因素，这个时候作出决策或采取行动在很大程度上会夹杂有情绪的不良因素在里面，所以，冷处理的做法就是采用"以退为进"的处理方法，对于积聚的不满情绪自己先不做正面的"回应"，以期避免这种情况的发生。

美国前总统林肯一次遇到陆军部部长斯坦顿怒气冲冲地来找他，林肯问斯坦顿遇到了什么事情，斯坦顿说有个将军对他出言不逊，使他非常生气，他要林肯狠狠地"教训"那个将军一下，要不他就要自己动手。

林肯听完以后不慌不忙地对斯坦顿说，"那个将军都做了些什么事？""多着呢！我说都说不过来。"斯坦顿激愤地答道。林肯想了想，然后对斯坦顿说："这样吧，斯坦顿，你把那个将军的'罪状'全列出来，明天交给我。"斯坦顿听完后很满意，他认为总统这次一定会处理那个将军的，于是就立刻回去了。

第二天，斯坦顿把写了满满两张的"诉状"递到了林肯手中，林肯看了看密密麻麻的信纸，上面写的全是措辞强硬的语言，林肯合上信说道："对了，就是这样写，我要让那家伙好看！"斯坦顿一听特别高兴，以为总统要处理那个将军，就把信拿过来装到信封里，林肯见状问："你要做什么？""寄给那个将军呀！""烧掉。""什么？"斯坦顿不敢相信自己的耳朵，刚才总统还信誓旦旦说写得好，怎么一转眼就变了。

林肯随即大声说道："我亲爱的部长先生，你可千万不要胡闹，这封信必须要烧掉，因为它是在你生气的时候写的。这封信写得好，说明你在写的时候已经解了气，你现在要做的是接着写第二封信，直到你不生气为止。"

林肯让斯坦顿写信就是一种"冷处理"的办法，斯坦顿在经过了一夜休息之后，怒气肯定没有先前的大，因此，对事情的判断和所作出的反应行为也就不会像先前那么强烈了。

最常见的冷处理方法是保持沉默，无论对方的言辞多么激烈，或是自己内心多么的汹涌澎湃，自己始终要保持冷静的态度，不发表任何激烈言论，不进行任何带有感情色彩的行为，自始至终都以一种旁观者的冷静，让对方在"无可奈何"之中放弃争吵，收敛情绪。

生活中的两个独立的个人在利益和观点不一致时，往往会产生各种各样的不快情绪，面对怒气冲天的对方，自己如果严词反驳的话，必然会激起对方的逆反心理，引起对方更强烈的反应，到时候，如果自己的情绪也突破自我克制的极点之后，就会歇斯底里地与对方争吵，如此一来，两人之间就演变成了单纯的情绪发泄，单纯地为了争吵而争吵，这显然不利于事情的妥善解决。

沉默的目的是为了避免矛盾的升级，矛盾中的另一方如果情绪非常激动的话，自己就不要再对其进行反唇相讥了，这是一种火上浇油的做法，只会令事态更加复杂。正确的做法是要对矛盾进行冷处理，即使自己"据理"也不要进行"力争"，暂时地退让一步，将情绪忍下来，待气氛缓和之后，再晓以大义，如此做法，更能让事情得到妥善的解决。

冷处理的方法不光是保持沉默，有的时候故意地装糊涂，不因利益的矛盾与别人进行争吵，也是给双方"过热"的情绪进行降温的有效办法。

装糊涂不是麻木不仁，而是宽容大度的表现，不是对自身利益的放弃，恰恰是为了更好地维护自己的利益。

古人云“难得糊涂”，正是保持平静心态的一种做法，“糊涂”的人不会因小节而坏大事，不会取小利而丢大义，“糊涂”的人知道什么是最重要的，知道如何获得对自己重要的事情。懂得“糊涂”、会“糊涂”的人能够在与别人的交往中避免不良情绪的产生，时刻让自己拥有一份宁静祥和的心情。

【快乐之声】

要想学会在即将爆发的冲突中做到“冷处理”，就要有一颗淡泊名利的心，一个过分看重名利的人一定不会在与别人的争执中后退半步，也就更不会做到“冷处理”。世人大多急功近利，无法做到以“冷处理”的态度对待矛盾，因而才有无休止的争吵与冲突，自己如果要想独享一份清静的话，就要抱着坦然的心态看待名利，在争执中选择退让，做到“冷处理”，那冲突发生的机会就会大大降低。

换个角度想问题

生活中明明遭遇同样的不顺心，有些人却能够坦然对待，依然保持一份快乐的心情，而有些人整日郁郁寡欢，钻情绪的“牛角尖”。其实这就是以不同的角度看待问题的结果，能够换个角度看问题的人，即使遭遇再大的困难，也会以“塞翁失马，焉知非福”的态度来看待不幸，减轻痛苦。而不会换个角度看问题的人，只会在痛苦的情绪中越陷越深，无法依靠自身的力量化解痛苦，转移悲伤。

西方有句谚语：上帝为你关上一扇门的同时，也为你打开了一扇窗。生活是不断变化的，世间万物每时每刻都处在此消彼长的变化之中，此处的低落正是暗示了彼处的升起，懂得生活的人，就应该不断地寻找生活中“升起”的感觉，而不是将目光一直盯在“下落”之上。所以，我们要换个角度看待不幸，从中发现另一种美好的存在，在“门”被关上的时候就要努力寻找“窗”的位置，继续让自己的心情保持一个快乐的状态。

卡尔是一个大林场的老板，这个林场是他从父亲那里继承过来的，是他家祖传的产业，一家人都靠着卖林场里的树木赚得钱生活。但前不久，一场大火将卡尔的林场烧掉了大半，林场里长势很好的林木全变成了黑糊糊的焦炭。卡尔看着满目疮痍的林场悲痛万分，而在愤怒和悲伤之后，卡尔不得不面临一个更为现实的问题：赚钱。

由于大火烧掉了大部分林木，卡尔的林场基本上没有几棵树能卖了，没有树卖就不能赚到钱，没有钱一家人的生计都会成为问题，卡尔为此变得十分的焦虑，其痛苦程度甚至要比大火烧毁林场还要深。

而正当卡尔一筹莫展的时候，卡尔的老祖母说的一句话却提醒了卡尔，老祖母说：“卡尔，我听说市场上有人买木炭呀！”卡尔这时恍然大悟，“木炭？是呀，我可以做木炭生意，现在烧焦的林场上全是木炭，而且都是林木烧成的上好木炭。”

卡尔一下子有了精神，他立刻到市场上打听木炭的情况，让他感到高兴的是，木炭要比树木贵多了，卡尔立刻把林场中的木炭全部卖了出去，赚到了一大笔钱，他现在正在想是不是以后改行做木炭生意。

卡尔用以维持生计的林场遭到了大火焚毁，其心情的痛苦程度是可想而知的，但老祖母的另外一种看法却让卡尔看到了生机，大火虽然烧毁了树林，却意外地“制造”了很多的木炭，而卡尔只是沉浸在悲痛之中，没有看到这一点，直到祖母提醒才“恍然大悟”。

“横看成岭侧成峰，远近高低各不同”，苏轼的这句诗揭示了一个深刻的哲理，即同样的事物换个角度看时，给人的感觉便不一样。同样，对于生活中的不幸我们是不是也应该换个角度看待它的“远近高低”？换个角度看待失败，那么原来的痛苦便不再那么痛苦，原来的失望也会多出了些许希望，在一切都慢慢变好的时候，自己心里的创伤也会慢慢地愈合。

要放弃非黑即白的极端性思维方式，不要在一件事情做坏后，就认为这件事情已毫无意义，将之前的努力也全盘否定，要认识到自己在做这件事情时还是有一些收益的，起码锻炼了自己的能力，甚至自己会因此而得到新的机遇。换个角度看问题，就是要摒弃那种太过单纯的思维方式，要学会在不幸中看到希望，从失败中看到收获，这样自己的情绪就不会太过于悲伤。

【快乐之声】

要学会乐观地思考问题，懂得在逆境中看到胜利的希望，始终保持自己积极进取的生活态度。不要因一次失败而消极地对待整个人生，没有看到生活中其他的更多的美好。这种做法使自己对眼前的幸福视而不见，错过了重新振作起来的大好机遇，让自己以后的人生道路越来越黯淡，情绪也会因此而变得焦躁不安。

换个角度想问题，需要有豁达的胸襟，在生活中犯错误是不好的现象，但不允许自己犯错误则是一种刻薄的表现。人生要快乐，就要允许自己偶尔的犯错，就要以宽阔的胸怀来容纳自己的错误，不要对自己偶尔的失误紧抓不放，不要以“完美无瑕”来要求自己，要明白磕磕绊绊才是真正的生活，也才是生活的乐趣所在。宽容自己的错误，那心情自然就会放轻松起来。

找出情绪的引爆点

当我们抑制不住自己的情绪而大发雷霆的时候，这个情绪爆发时的心理状态就是情绪的引爆点。通俗的说，情绪引爆点就是我们心里对负面事物的忍受极限，超过了这个极限，我们的情绪就会失控。所以，找出情绪的引爆点，对于很好地管理我们的情绪，避免情绪失控的现象有非常大的帮助。

人类自身对各种不良情绪都有一定的承受能力，只要没有超出自身承受的限度，不良情绪自会被人体所“消化分解”，不会产生情绪爆发的激烈情况。只有在情绪不断激化，并且没有得到很好的排遣的时候，不良情绪才会不断积累并最后爆发出来。所以，将情绪控制在引爆点以下，让情绪“自我消解”将是一个最好的解决办法。

由于人生经历、修养水平、思想状况等各不相同，每个人的情绪引爆点也不相同，想要真正了解自己的情绪引爆点的，就要自己总结自身的一些弱点，一些无法承受的事，只有真正清楚了自己的情绪引爆点，才能更好地掌控自己的情绪，避免不愉快事情的出现。

想要全部找出自己的情绪引爆点就要首先明确自己的核心利益，人只有在核心利益受到损失的时候才会表现出自己的情绪。所以，对自己核心利益的范围、边界一定要弄清楚，确定什么事情自己会生气，事情做到什么程度自己会生气。只有将这些明确了之后，才能在生活中更好地安排自己的生活，调控自己的情绪，将情绪的变动控制在引爆点以下，保持一个健康快乐的心情。

除了寻找自己更多更全的情绪引爆点之外，还要积极地提高自己的情绪引爆点，提高自己的情绪耐力，增强自己承受压力的能力，这种做法在一定程度也会使自己情绪失控的概率变小。提高情绪引爆点也是自己人生过程中的重要一课，一个忍耐力强的人在社会中能够更加从容镇定。相反，忍耐力差的人，会经常发脾气，使自己的情绪大起大落，无法维持一种平和的心情。

生活中需要面对的事情纷繁复杂，即使有了对引爆点的清晰认识和合理调节，也不能保证自己完全不会有情绪失控的时候。因此，想要保持一个好心情，不但要使自己远离情绪引爆点，还要想到一旦情绪失控之后怎么办，显然不能任由情绪随意发泄，那样会使自己之前的努力失去效用，让自己功亏一篑。

所以，制定一套超过情绪引爆点后的对策，会对自己合理地发泄情绪，减小因此带来的不利影响有非常大的作用。有了应对意外情况的对策后，自己在与别人交往中心里也会踏实很多。这种对策不一定是很复杂烦琐的计划，有时只是周到的想法就可以了。

比如在与某人约定会面时，你的情绪引爆点是“对方迟到”，为了让自己不至于情绪失控，你的对策是带一本自己喜欢看的书，一旦对方真的迟到，自己就边看书边等对方，以此来避免因“对方迟到”而可能产生的不满情绪。

另外，在以情绪引爆点为依据而对情绪进行控制的同时，还要积极消除情绪引爆点。情绪引爆点是客观存在的，但为了让自己有更好的心理承受能力，消除情绪引爆点的工作就必须要做，情绪引爆点越少越好。

情绪引爆点的消除实质上是一种行为和思考方式的改变，打个简单的比方：汽车在经过一片泥土路时，司机总会下意识地照着已有的车辙行进，不管车辙所走的路对还是错。同样，我们在进行思考问题时，总是会按照既有的思维和行为习惯做事，而导致不断触及“这条路”上的情绪引爆点。只有改变自己的习惯，不走“这条路”，那相应的情绪引爆点就会失效，自己的情绪也就会多一份保障。

在上述所有的方法都用到之后，如果还对自己的情绪“不放心”，那就把自己的情绪引爆点“公之于众”。让别人在与自己的交往中注意避开自己的情绪引爆点，尽量避免一些让自己产生不快的做法，在别人的“帮助”下，使自己保持住心态的平衡和情绪的稳定。

【快乐之声】

情绪引爆点的寻找还可以通过不断排除的方法实现。把自己情绪内的安全区标记出来，然后逐步扩大，不断体验一些未知的行为后果，明确哪些行为是自己忍受不了，哪些是自己可以控制的，如此一一标记，像排除地雷一样，最终会使一个个的“情绪地雷”显现出来，自己在对这些“地雷”进行整理之后，就能得到一份完整的关于自己的情绪引爆点的分布图，掌握了这一信息，自己在以后的生活中就能很好地控制好自己的情绪，避免发生失控的情况。

必要时进行心理治疗

心理治疗也称精神治疗，是医生通过一些特殊的方法，对患有心理疾病的人进行有目的地治疗，以达到消除患者的心理障碍、恢复患者正常健康的心理状态的目的。心理治疗早就存在于人类社会，而现代心理治疗则起源于100年前弗洛依德创立的精神分析疗法，经过长时期的发展和完善，已形成了包括精神分析法、认知行为疗法、人本主义疗法、催眠疗法、放松技术和集体治疗技术等400余种心理治疗法，对维护人类的心理健康起到了非常重要的作用。

如果在日常生活中，感觉到自己存在某一方面的心理问题，在用过各种调节措施都没有效果后，就有必要进行心理治疗。

进行心理治疗首先要对心理治疗有一个正面的看法，不要认为看心理医生的人都是心理变态的人，这是对心理治疗的一种错误认知。其原因也是因为心理治疗还不为社会大众所熟知，但大众对其神秘感又十分好奇，于是这种认知上的空白便使得一些片面的、过激的观点“乘虚而入”，搅乱了人们对心理治疗的认知，使得一些不太客观的观点占据了主流。

要勇敢地面对心理治疗，积极地配合心理治疗，对心理治疗抱一个平常心来对待，懂得心理疾病是一种非常正常的疾病，就像感冒发烧一样每个人都会经历，而积极进行心理治疗的人表现出的是一种积极向上的生活态度，是一种对自己、对生活负责的态度，这种态度本就是值得赞扬的态度。所以，进行心理治疗不但不是“见不得人”的事，而是值得提倡和表扬的事。

心理治疗虽然有医生的指导和帮助，但如果自己懂得一些必要的知识和方法的话，则能够在治疗过程中更加有效地配合医生的治疗，使治疗达到最佳效果。以下列出了一些治疗的基本方法和对应的治疗症状，自己在进行心理治疗前可以先对照一下自己属于哪种病症：

● 精神分析疗法

又称精神分析，该治疗方法建立在潜意识的心理学理论之上，是当代心理治疗学中应用最广泛的一种治疗方法，其具体做法是对患者进行引导性心理分析，寻找到患者早年因心理受到伤害或压抑而存在于潜意识中的矛盾，也可以称之为意识领域里的“心结”。只不过这个“心结”是患者自己所不知道的，精神分析的做法就是找到这个心结，加以疏导和矫正认知，使患者的心理恢复正常，情绪逐步稳定。此疗法适用于一些易怒，或对某种特定事物和场合十分恐惧和紧张的情绪表现。

● **催眠疗法**

催眠疗法是通过暗示的方法，使患者进入一种特殊的状态，在这种状态下的患者会将自己内心的真实想法全部倾诉出来，以此来达到疏泄内心压力，调节身心的效果。催眠疗法适用于强迫症引发的紧张、恐惧等情绪表现。

● **认知疗法**

著名的心理学家艾利斯曾说：“人的情绪不是由事情本身引起的，而是你对这个事情的看法和观念产生。”该疗法就是通过引导患者重新认知某项事物，或矫正其消极的认知，在其心里建立起该项积极乐观的认知，进而改变他的消极、悲观情绪，认知疗法重在说服患者相信医生的见解。所以，需要医生有足够的理念依据和实践操作能力，以帮助患者摆脱不良情绪的折磨。

● **行为疗法**

行为疗法主要针对的是一些焦虑行为。此疗法是指通过尝试和学习一些新行为来改变原有错误行为的做法，它包含的方面较广，包括系统脱敏疗法、满灌疗法、厌恶疗法三种。系统脱敏疗法主要通过微弱刺激让患者反复产生焦虑感受，并要求患者放松对待，达到逐渐适应这种刺激；满灌疗法是将患者放置于其最不能忍受的环境之中，以达到物极必反的效果；厌恶疗法主要是通过让患者对一些行为产生条件反射性的厌恶，来达到让患者自觉杜绝不良行为的做法。

【快乐之声】

要非常清楚地认识到，心理治疗是一种很正常的现象，它同其他疾病的治疗一样，都是一种很健康、对人类有好处的治疗，不要因为社会上对心理治疗的一些妖魔化传言而拒绝进行心理治疗，这对自己的心理健康是十分不利的，拖延下去，会使心理问题像其他身体疾病一样恶化加重，最后受苦的还是自己。

Part 6 疏导胜于堵塞 通过宣泄告别坏情绪

大禹治水的故事讲的是：当滔滔江水泛滥之时，大禹改变了“堵”的方法，采取了疏导的策略，才让江水得以顺畅的流通，阻止了洪水的泛滥。我们生活中的坏情绪就好比泛滥的江水，如果不及时疏导，而是让他堵塞我们的思想，那么坏情绪则会像滔滔江水一样泛滥，会毁掉我们的生活，甚至会毁掉我们辛苦经营的人生。

那么，我们应该怎么做才能彻底告别这些坏情绪呢？那就需要我们通过合理的宣泄方式，注重自身的修养。所以，我们要想拥有快乐的生活，就不能让这种坏情绪堵塞我们的思想，那么我们就应该试着疏导坏情绪，通过合理的方法宣泄坏情绪，告别坏情绪，使我们的内心归于平静！

自我安慰，减轻烦恼

紧张快速的生活节奏，激烈竞争的职场拼搏，呆板单调的生活模式，无不令身处其中的我们为之烦恼：升学、成家、就业、创业……面对着几乎每天都会遇到的不同烦恼。狄更斯说："莫把烦恼放心上，白了少年头，莫把烦恼放心上，免得未老先丧生。"但是如何才能不把这些烦恼放心上，有位哲人针对这一问题给出答案："最简便的方法就是自我安慰。"

当我们感到疲惫，生活失意时，我们可以告诉自己明天会更好，这种自我安慰的方式也就可以暂时缓解我们内心的压力，也就可以相应地减轻一些烦恼；当我们的思维闭塞，走入死胡同时，我们可以强令自己去做些感兴趣的事，我们也许会在自己感兴趣的事情中，慢慢地淡忘烦恼，或许思路也会随之打开。这种自我安慰的方式也就达到了转移注意力的效果；当我们生活受挫，一蹶不振时，我们可以回忆曾经的辉煌以达到心理平衡，这种自我安慰可以减轻我们自卑的烦恼，也会令我们自己不至于太难过。

由此可见，自我安慰可以缓解我们内心的压力，可以转移我们的注意力，可以保持我们的心理平衡，可以减轻我们的烦恼，可以排解我们的不良情绪。

容祖儿是香港乐坛天后，她在20几岁时就以一首《挥着翅膀的女孩儿》红遍大江南北。没有一个人的人生是一帆风顺的，容祖儿的演艺生涯也是有低潮的。

在2006年的十大金曲颁奖典礼上，容祖儿被评为"最受欢迎女歌手"，本来容祖儿是很高兴的，但是回到家中却在网络上看到一些网友留言说："既没脸蛋，又没身段，肯定是通过后台关系才获奖的。"还有些网友留言说："是被潜规则才拿到的吧。"随着网友的质疑声，一些八卦记者也开始围堵容祖儿，向容祖儿要一个答案。

面对这些记者、网友、粉丝的质疑声，容祖儿感到非常烦恼，甚至还偷偷地流过眼泪，但是容祖儿隔天出现在媒体面前时却是一脸灿烂的微笑。

当她接受一家电视台的访问时，主持人张口就问她："你是如何减轻烦恼的呢？"容祖儿回答说："我是用阿Q精神胜利法进行的自我安慰，告诉自己那是歌迷朋友们爱我，想让我做得更好，才会质疑我，通过自我安慰的方法也就减轻了我的烦恼，也调整了我的心态。"

容祖儿如果不能及时减轻烦恼，只是每天暗自伤神，或许这种烦恼会令她的歌唱生涯受到阻碍，或许她将永远消沉下去，或许大街小巷也就不会流传着祖儿演唱的一首首动听的歌曲。也正是她自我安慰的阿Q精神，才使得容祖儿没有就此低迷。

那么，我们应该怎样进行自我安慰，才能减轻烦恼，告别坏情绪呢？

● 自言自语安慰法

当我们吃亏上当时，我们不妨对自己说："吃亏是福"；当我们生活失意时，我们不妨对自己说："塞翁失马，焉知非福"；当我们觉得生活困苦时，我们不妨用阿Q的话对自己说："先前我比现在阔多了"，或者对自己说："我以后肯定比现在好"……这种种自言自语的方式能够调节我们的心态，让我们保持心理平衡，也就减轻了我们的烦恼。

● 相信未来安慰法

当我们为失去一些东西或者没有得到的东西而烦恼时，我们要相信：未来我们一定能够得到。比如当我们为买不起车，买不起房而烦恼时，我们要告诉自己："我相信，这些东西都会有的。"因为相信，我们就会为了这些信念去拼搏而不是烦恼；因为相信，我们也就不会再纠结到这些事情上，也就缓解了我们的压力，减轻了我们的烦恼。

● "酸葡萄"式安慰法

当我们竭尽全力追求一些东西却仍然没有得到时，我们不妨故意说它不好，这种看似消极的做法，却对情绪调节、平衡心态有着积极的意义。生活中，可能有这样一些人，他们爱一个人，想要讨取别人的欢心，可是无论怎么做却还是不能赢得别人的心，于是就很烦恼。其实这个时候，他们不如对自己说："或许我们根本不合适，或许他身上有很多毛病，即使在一起也还是要分开的。"这种"酸葡萄"式的安慰法，或许就能够减轻他们的烦恼。

【快乐之声】

人生在世，我们可能会为昨天的过错而烦恼，我们可能会为今天的问题而烦恼，我们可能会为明天的未知而烦恼，我们也可能会为别人的优秀而烦恼，面对这些无法改变的烦恼，我们不如"两耳不闻。"古今中外成大事者并不仅仅是其能力超群，更重要的是他们面对烦恼时能采取积极、乐观的心态去接受，能通过自我安慰的方式扭转减轻烦恼，扭转局势。

心理学家指出，烦恼是消极情绪的表现，也是阻碍我们前进的绊脚石，更是影响我们身心健康的一种"新型病菌"。我们只有减轻烦恼，才有可能排解消极情绪，告别坏情绪，才有可能战胜"病菌"，获得肌体健康，心理健康。

心情压抑你就“吼”

心理压抑是现代社会中一种比较常见的不良情绪，也许是因为自身条件差，也许是因为得不到别人拥有的东西。无论是哪种情况，陷入心情压抑的不良情绪总会导致他们的心态失衡，表现出悲观失望和绝望，失去继续生活的勇气，严重者则会表现出一种行为冲动，过激者还会产生“杀人”或“自杀”的念头，导致他们的生活质量越来越差。

排解心理压抑的方式有很多，一定不要憋在心里，憋在心里就可能为未来的某一次爆发种下一粒种子，结果肯定不好。生活中有的人选择了大闹一场，大打一架，却造成了人际关系的紧张，自我形象破坏的不良后果，这样做只能给他们带来后悔与愧疚。我们可以选择一个最有效的方法那就是“吼”。

“吼”，是通过急促、强烈、粗犷、无拘无束的喊叫，将内心的压抑发泄出来，从而调节心态平衡，排除紧张、压抑的坏情绪，“吼”可以是放声高歌，可以是大声呼喊，还可以是大声的朗诵……这些都可以得到解压的效果。

有位名叫小张的男士，总是喜欢大声地唱一首名叫《释放自己》的歌曲，而且小张每次唱都是红着脸，扯着嗓子高声唱，他的邻居很纳闷为什么小张总是唱这首歌。

一天，他的邻居到楼顶乘凉时，又听到小张在唱，于是就问小张：“你怎么这么喜欢这首歌啊，这首歌就那么好听？”小张的回答却让邻居笑跌了眼镜，只听小张说：“我每次跟我老婆吵架的时候，她总是朝我吼，弄得我心情很压抑，我又不能跟她一般见识。可是，有一天，我实在是压抑得喘不来气了，就随口唱了几句释放自己，没想到，我的心情立马就变得好多了。不怕你笑话，现在我养成了习惯，只要心理压抑我就会唱这首歌，而且神奇的是，百试百灵，而且见到老婆后，我的气就会全消了，我们的夫妻关系也变得更加和谐。”

他的邻居还是不相信，说：“真有这么神奇？”小张就回答他说：“不信，你下次跟嫂子吵架的时候试试就知道了。”小张的邻居是因为刚跟老婆吵架，才跑到楼上来的，于是就高声唱了两句，他也发现原来大声叫喊真的能排解心理压抑。

小张跟他的邻居正是通过“吼”来释放自己内心的压抑，从而取得了精神状态和心理状态的平衡协调。其实“吼”不但可以宣泄心理压抑的坏情绪，还可以舒展我们的身心，扩大我们的肺活量，达到锻炼的目的。

美国的很多大学，包括哈佛、耶鲁在内的名校，他们的学生都是通过这种“吼”的方式来缓解压力的，而且美国有所高中还专门设立了一堂“吼”课，老师跟学生一起放声大“吼”，尤其是在考试前，他们还会组织各个年级的同学到操场上以“吼”来释放压抑，缓解紧张的情绪。

中国在很早以前也有一则关于“吼”的寓言故事——《国王的耳朵》。它讲的是理发师给国王剃头发时，发现国王长了一对驴耳朵，国王要他发誓不要说出去，可是他每天都想着“国王长了一对驴耳朵”，长久以来变得很压抑，他就去看医生，医生告诉他，去一个没人的地方，把它“吼”出来，就会好了。他就按照医生的方法做了，果真他的压抑消失了。古今中外，这种通过“吼”来宣泄压抑的例子不胜枚举。生活中，我们也可以通过“吼”来排解我们心理压抑的坏情绪。

那么，我们应该怎么样“吼”才能宣泄压抑的坏情绪呢？

● 找一个空旷的地方

我们在想要嘶吼的时候，最好找一个空旷的地方，才能完全地释放自己，才能达到宣泄的目的。如果我们在家中“吼”，或许会因为放不开而变得更加压抑，所以首先我们就要找一个空旷的地方。

● 放开我们的嗓子

“吼”不是扭扭捏捏，不是哼哼唧唧，而是要放开我们的嗓子，张大我们的嘴巴，用力地发出声音，我们还可以通过握紧双拳，想着不愉快的事情，尽力地放开我们的嗓子“吼”出我们的不满，“吼”出我们的怨恨，以达到宣泄心理压抑的目的。

● 尽量延长第一声“吼”的时间

当我们开始“吼”时，如果第一声就达到了释放的效果，我们也就会更加有信心相信“吼”可以宣泄我们的坏情绪，而延长“吼”的时间正是能达到释放的效果，所以我们在“吼”时要尽量延长第一声“吼”的时间，努力将坏情绪从心里赶出去。

【快乐之声】

“吼”要选对地方，选对时间。我们不能在人口聚集的地方随时大吼，这样会影响别人的正常生活，我们也不能在办公的地方随时大吼，这样会影响别人的工作，我们更不能在别人都休息的时候大吼，这样只会引来公愤。只要我们选对地点，选对时间，我们就可以放声大吼。

向他人倾诉，寻找安慰

东方卫视的《幸福魔方》，贵州卫视的《人生》，湖南卫视的《80、90》，江苏卫视的《人间》，河南卫视的《知音》…… 这些情感类倾诉节目之所以能成为热点，从很大程度上说是传媒大众化发展的结果；从倾诉者的角度来看，这类节目不仅可以使他们的坏情绪得到合理的宣泄，而且还可以满足他们寻求安慰、接受心理治疗的要求。“说出来后心里舒服多了”，这是倾诉完之后许多倾诉者的真切感受。

在生活中，当我们遇到挫折和烦恼时，有很多人选择自己生闷气，把委屈憋在心里，这样长期以来，就会形成一种不愉快的情绪，古书上说：“百病之生于气也。怒伤肝，忧伤肺。”可见，不愉快的情绪不仅会破坏心境，甚至会导致身体上的不健康。

那么，解决这种问题的最好方法便是向他人倾诉，寻找安慰。法国剧作家格鲁乃依说：“人们可以通过诉说减轻不幸。”在基督教中，牧师也鼓励人们说出自己的罪孽，以求宽恕与寻找安慰。向他人倾诉，来寻找安慰，这里所说的“他人”，可以是自己的家庭成员、同事朋友、知音知己，也可以是专业化的心理辅导人员或者是心理咨询师，只要是能够倾听我们诉说，帮助我们缓解压力，给予我们安慰，解除我们情绪困扰的人都可以成为我们的倾诉对象。

钟欣桐以青春靓丽的形象广受歌迷朋友们的喜爱，但是就是这样一个单纯的女生，却被卷入了不雅照片的风波。

“艳照门”之后的钟欣桐不得不全面停工，钟欣桐面对来自工作和生活两方面的压力，没有自暴自弃，而是在休息了一段时间后，以更积极的形象出现在了大家的面前。

媒体对这件事情做专门的采访，记者问：“你是怎么样渡过难关的呢？”钟欣桐答：“当时真的很抑郁，不想吃东西，不想出门，不想听音乐，不想看电视，甚至有时候会厌烦自己，这些坏情绪几乎每天都跟随着我，不过幸亏有蔡卓妍和霍汶希在我的身边，我可以经常向她们倾诉，从她们那里寻找安慰，当她们不在我身边的时候，我就打电话给我的妈妈或是我其他的朋友，我从他们那里得到了关心和疼爱，才坚强地挺过了这一关。”

钟欣桐面对工作和生活的双重压力，找到了最好的解脱方法——向亲朋好友诉说她的苦闷，寻找安慰。心理学上也有这样一条法则：“把烦恼告诉别人，可以减少一半痛苦。”

生活中，当我们痛苦、犹豫、失望，产生压抑的情绪时，不妨向他人倾诉一下，把自己压抑的情绪宣泄出来，以便得到别人的开导或是安慰，也许只是一句无心的话就能让我们豁然开朗。

只要我们有勇气敞开自己的心扉，向他人倾诉，寻找安慰，我们就能告别坏情绪，找到生活的信心。那么，我们应该怎样向他人倾诉，才不会让人感到唐突和反感呢？

● **寻找有经验或有相似经历的朋友**

我们向有经验或者有相似经历的朋友倾诉我们的心声，不仅能够得到他们的同情，引起共鸣，还可以从他们那里得到有益的帮助。所以我们不妨先试着寻找有经验或有相似经历的朋友。

● **选择一定的时间**

我们不能不分时间场合就向别人诉说，如果对方现在有事情，一定不会用心地听我们诉说，甚至还会产生厌烦的情绪。所以当我们在找准诉说对象后，一定要选择方便的时间，这样才会让倾诉更加放松。

● **不要啰里啰唆**

我们不能在倾诉婚姻的时候，再牵涉到工作生活上去，这样不仅会让我们的倾诉变得啰唆，还会让听的人理不清头绪，一头雾水，不仅不能帮我们指出有效的解决方法，或许还不能得到正确的安慰，所以我们在倾诉我们的心事时，只需要讲清事情的大致过程，没必要为了抒发感情而啰里啰唆，因为那样会适得其反。

【快乐之声】

心理专家一致认为，主动抑制自己受伤的感受，不仅会损耗身体的能量，还有可能降低自身的免疫力。心理专家还告诉世人，困难并不可怕，只要我们懂得正视创伤，懂得向他人倾诉，就能告别坏情绪，就能把身体从压力中解放出来。向他人倾诉就是通过诉说的方式来为心灵减压，让坏情绪不至于在心里积存太久而毒化自己的心灵。

用笔写出令你困扰的事

“举头望明月，低头思故乡”中，李白写出了自己对家乡的思念之情；“抽刀断水水更流，举杯浇愁愁更愁”中，李白写出了满腹才华却无处施展的困扰；“行路难，多歧路”写出了李白受谗毁离开长安南下，找不到政治出路，在或去或留之时徘徊的困扰。李白用笔写出了自己的困扰，并摆脱了思乡时、愁闷时、歧路彷徨时的苦闷，使得自己得以成为一个坚强、乐观的诗人。

古今中外，很多人在遇到困扰时都会选择用笔写出自己的心声。如果我们在生活中遇到痛苦和烦恼时，我们应该怎么做呢？我们不妨也效仿李白的宣泄方式，用笔写出令我们困扰的事，或许在慢慢想、慢慢写的过程中，我们不仅能够宣泄出自己的坏情绪，还能透过反省思量而透彻清晰、豁然开朗。

前不久，华南大学的一名学生跳楼身亡，据调查研究，这名学生死亡的原因竟然是无法释放自己内心的压抑，这一重大事故，引起了各大高校对大学生心理健康问题的极大重视。

上海财经学院的老师们，经过一番探讨、商量后决定在学校的板报上新添一个视觉专栏，让学生以匿名的方式在上面写出对某个同学、某个老师或某件事情的看法。

此专栏第一天开通后，上面就已经有上百条留言，有人写到：“我非常喜欢张丽，可是却得不到她的回应，这个事情困扰了我很久，不知道该怎么办，又羞于跟其他人说。”也有人写到：“我们的数学老师讲课太死板了，使得我们都对数学产生了厌倦，请问老师能不能改变一下教课方式呢？”还有人写到：“102宿舍的李伟踩到了我的脚，还不跟我道歉，这让我很郁闷。”下面甚至还有学生对上面的问题给出答案的。

几天后，板报上的留言越来越多，而且还能发现一些以前留过言的同学们重新写道："宣泄一经写出，内心十分敞亮。"也有的同学写到："此方法甚妙。"

上海财经学院的老师正是利用了这种用笔写出困扰的方法解决了学生们内心积压的困扰和不满，让学生们的坏情绪得到了合理的宣泄。

我国现在很多家大型公司都设立有情感宣泄专栏，让公司的员工在黑色的纸上，用黑色的笔写下他所痛恨的人或事。

西方国家的白领也继承了我国这种方式，只不过，他们是通过绘画。他们把心目中憎恨的人，画成最丑的样子，可以给他画个猪头，画个狗头，或者画个大屁股，总之也是用笔来宣泄内心的坏情绪。

生活中，如果我们有些话羞于启齿，不妨用笔写出内心的感觉；如果有伤害了我们的人，或者伤害到我们的事，我们也不妨给他们写一封"永不寄出的信"。

那么，我们应该怎样写才能消除我们的困扰，告别坏情绪呢？

● **在纸上写出令我们困扰的人的名字**

我们在纸上宣泄，一定要写出令我们困扰的人的名字，因为他们是困扰我们的源头，我们只有找出源头，找出对象，才能把不满情绪充分地发泄出去，才能消除我们的困扰，告别坏情绪。

● **可以言辞犀利，可以口无遮拦**

我们在写令我们困扰的人或事时，可以对他进行随意的攻击，可以言辞犀利，可以口无遮拦，甚至还可以对他进行谩骂，因为是发泄在纸上，我们只有毫不避讳地写，才能达到彻底宣泄的目的。

● **不要让发泄过的纸张流传出去**

当我们发泄完之后，要记得把纸张销毁，或者是把它保存好，不要让它流传出去，以避免一些不必要的麻烦。

【快乐之声】

用笔写出内心的压抑不但能告别坏情绪，甚至还能使我们的身心处于健康的状态，伦敦心理学家针对这一问题有了最新发现：把36个身心健康标准相同的人分成两组，第一组让他们用笔写出困扰他们的事，第二组则什么都不做，实验连续进行了两周，检查他们的身体时，发现第一组人的身心健康标准远远超过了第二组的人。

哭能排出毒素

哭是人的一种本能，是一种情感宣泄方式，生理学家说眼泪能杀菌，哭一下能预防红眼病；心理学家说哭是一种极好的情绪宣泄方式，人们用哭来宣泄郁积的情绪比其他宣泄方式更有益健康。

美国医学中心精神病实验室曾做过这样一个实验：他们把这200个压抑程度相同的人分成两个小组，让A组的人选择用哭泣的方式释放压力，让B组的人选择用其他方式宣泄，三个小时后让两组人重新接受测试，发现A组的人平均压抑值减轻了40%，而B组的人平均压抑值减轻了25%，这充分证明“哭”能够排除压抑的毒素。

央视的《艺术人生》栏目，很受群众的喜欢，不仅是因为他们真挚的感情，还因为他们真实的眼泪。朱军每次采访艺人，总能把别人弄得潸然泪下。

2005年的春节联欢晚会上朱军跟冯巩演了一个小品叫做《艺术人生》，冯巩曾有过这样一句经典台词：“每一次总能把人给弄哭。”还说朱军总是用这种老套的拿照片、谈感情、忆童年、套近乎方式，使得嘉宾及观众落泪。

这场节目过后，也有很多人问起朱军，为什么总是让人哭，朱军是这样回答的：“人们每天都充满了压抑，哭是释放压力，排出毒素的一种方式，我希望来过我节目的人都能哭一把，都能释放自己，排出心中的毒素，这就是我主持的目的。”

朱军还说，他自己在2005年的春节晚会上被冯巩感动得流下了眼泪，他说在哭过之后，真的很轻松，还说这次的演出将让他永远难忘。

朱军之所以会永远记得那次的小品，是因为他流下了眼泪，释放了自己的身心。现在越来越多的节目都在改变着“眼泪是脆弱”的旧观念。东方卫视的《舞林大会》中每一位明星都是用哭来释放自己舞动的辛苦，用哭来排出内心的毒素。

不止在中国，在日本“周末号哭族”正被人们热烈地效仿着，他们就是通过哭来释放自己的压抑，排出身心的毒素。日本专家也对这种“号哭族”做了研究，并认为哭的确能缓解紧张、焦虑的情绪，而且还能排出对身体有害的毒素。在美国实行着的“电影疗法”也是通过让人们看感人电影而落泪的方法，来排出他们体内的毒素。

因为眼泪是咸的，所以普通的眼泪能够为我们的眼睛洗去“灰尘”，还能杀死我们眼里的细菌，排出我们眼里的毒素；因为眼泪受大脑神经的控制，所以当情绪激动时，大脑会产生激素促使人流泪，缓解紧张的情绪，以使大脑平衡运转；又因为眼泪也能够带出一些激素，所以当人们悲伤压抑时产生的有害毒素，也就会随着眼泪的流出而从我们的体内消失。

哭虽然不雅，但是作为一种发泄方式，哭对我们是有益的，尤其是它可以排出我们体内的毒素，让我们告别不良情绪。当我们伤心难过时，当我们遭遇挫折时，当我们感到太阳穴隐隐作痛时，就说明我们的压力过大，需要宣泄，这个时候我们不妨找个地方痛痛快快地哭一场，哭出我们体内的毒素，哭走我们的坏情绪。著名影星简·方达就曾说过：“当你得不到服务或者陷入窘境时，只要哭就行了。”强忍眼泪等于慢性自杀。哭作为一种发泄方式，虽然不“雅”，但却有它的积极作用。

那么，我们应该怎样哭才能更好地排出毒素呢？

● 不能遇事就哭

哭固然能排出毒素，能宣泄不良情绪，但若是每天都哭哭啼啼，悲悲泣泣的，不仅会影响我们的身体健康，还会加重我们的不良情绪，所以哭也要讲究个度，不能遇事就哭。

● 寻找一个隐蔽的地方

有的人觉得被人看到自己哭会很尴尬，那么为了避免这种尴尬，我们就应该寻找一个隐蔽的地方，也只有在隐蔽的地方，我们才能放松自己，放声哭泣。

● 要哭就痛痛快快地哭

我们可以用回忆的方式，或是痛苦的回忆，或是伤心的回忆，或是感动的回忆，我们用这些回忆刺激我们的大脑，让我们的大脑刺激我们的眼腺，产生大量的眼泪，让我们哭得痛痛快快。

【快乐之声】

人类学家阿希莱·蒙塔戈认为眼泪对人体大有好处。医学研究也证明，人们由于压力过大，身心就会产生大量的毒素，这些毒素却只能在眼泪中排泄。古人曾说过："忍泣者易衰，忍忧者易伤。"可见，想哭而强忍着不哭，更容易使毒素扩散，导致我们产生抑郁的情绪，甚至还会危害到我们的生理健康。

哭能排出我们体内的毒素，让我们告别坏情绪，迎来身心的健康，让我们挣脱人们常说的哭泣是软弱表现的枷锁，摒弃这种思想，尽情地哭泣吧！

避免几种不良的宣泄方式

情绪的宣泄能够平衡人的心理，使人保持健康的身心，有着积极的作用，但是不良的宣泄方式也有可能引起不良的后果。在生活中我们就要避免以下几种不良的宣泄方式。

● 避免暴力宣泄

暴力宣泄指的是：用暴力的方式发泄内心的不满，包括对自己，也包括对他人，或者是对其他物体进行语言上、身体上或心理上的攻击，以达到内心的平衡。如：有的人用谩骂、诋毁、蔑视、嘲笑的语言攻击他人，致使他人受到侮辱或伤害后，做出自毁或做出反击，后果只能是两败俱伤；还有的人用自责、捶打自己或者是其他的方式进行自残，对自己过度猛烈的发泄可能会伤害到自己；更有的人会以直接打骂他人或损坏公物来宣泄自己的情绪，这种种用暴力宣泄不良情绪的行为是一种害人不利己的行为方式，可能暴力的宣泄暂时能够取得一些效果，但是如果当暴力的宣泄成为一种习惯，这种过激情绪不但会让自己的交际关系变得恶化，使自己变得更加焦躁，严重的甚至会导致他杀或者自杀。长期以往，不仅不会告别坏情绪，而且还有可能葬送自己的一生。

● 避免吸烟、酗酒宣泄

社会上，有很多人在情绪压抑时就会烟酒不离身，以达到情绪的宣泄，但是过度地吸烟、喝酒会对自身造成很大危害。经研究查证香烟里面有43种致癌物质，世界上有30%的人死因跟吸烟有关；酗酒则会造成口齿不清，视线模糊，降低人的判断力、记忆力，在我国每年就有114100人死于酒精中毒，占总死亡率的1.3%。可见，吸烟、酗酒这两种不良的宣泄方式只能给自己带来伤害，所以我们要尽量避免这些不良的宣泄方式。

● 避免过度哭泣的宣泄

用哭来宣泄自己的坏情绪是有益的，然而过度的哭泣不仅不能缓和人们的情绪，甚至还会导致心理失衡。美国心理学家赫尔蒂尔堡经研究发现：30%的人在过度哭泣后不但坏情绪没有得到释放，甚至还使他们内心更加抑郁，情绪则比以前更恶劣，所以我们要避免过度哭泣这种不良的宣泄方式，专家建议：哭泣不能超过十五分钟。

● **避免喋喋不休的倾诉宣泄**

喋喋不休倾诉的人总是无视别人的感受，总是不断地重复着自己的悲哀，甚至有的人还会变本加厉、添油加醋，把别人当成是垃圾桶，随意地宣泄自己的坏情绪，无视别人的感受。这样做只能引发自己的人际关系紧张，使得周围的人对自己敬而远之。所以，在生活中，我们要避免这种喋喋不休的宣泄方式，毕竟生活中，谁都不愿意做人们的垃圾桶。

● **避免放纵自我的宣泄**

放纵自我的宣泄方式是自暴自弃，用毁灭自我的方式来宣泄内心的压抑，有的人放任自己的情感泛滥，导致家庭破裂；有的人放纵自己的身体，导致疾病缠身；有的人放纵自己的胃口，导致自己的身体健康失衡。这些自我毁灭式的宣泄方式只能给自己带来伤害，所以我们要避免放纵自我的宣泄方式。

现代社会对人们情绪的宣泄好像非常重视，日本一所学校设立了一间情绪宣泄屋。里面设备齐全，有宣泄墙，有布娃娃，有沙袋，有橡皮人，都是为了满足学生们的宣泄，但是这种宣泄的方式实质上是一种错误的宣泄方式。如果这种宣泄方式成为了一种习惯，当这些人在心理极度压抑时，身边又没有可发泄的东西，那么他们就会把人当做宣泄对象，以释放自己的压抑。这种宣泄方式只能是以恶制恶。人们所有的坏情绪皆由自己的心而生，唯有对心理进行认真、细致、科学的疏导，才能使坏情绪得以宣泄，才能从根本上解决问题。

【快乐之声】

不良情绪来临时，我们不应一味地控制与压抑，还要懂得适当的宣泄，在宣泄的时候，我们应该用正确的方式宣泄，避免以上几种不良的宣泄方式，避免对自己、对他人、对社会造成直接或间接的伤害。宣泄要有节制，宣泄要有度，不能随意地宣泄，也不能过度地宣泄。

Part 7

等待不如创造

好心情自己来创造

好心情从何而来呢？除了前面所讲的那些方法，还有一个非常重要的途径，那就是创造。很多人认为自己心情的好坏是由外界决定的，所以就眼巴巴地等待别人为自己带来好心情，这种心态无疑像一个乞丐渴求别人的施舍。

其实，好心情需要自己去创造，世界上没有一样东西是别人给予的，要相信你便是自己心情的主人，而不是其他任何人。

人生总会遇到各种各样的状况，所以每个人的心情都不可能一直保持在特定的状态，既然好心情无法久留，那么，我们为什么不自己去创造一种好心情呢？

学会自找"乐子"

在东方卫视热播的《中国达人秀》中，曾有一位70岁多岁的老太太，名叫姚金秀，她乐观的生活态度让我们每一个人都为之感动。

姚金秀是一位平凡的乡村妇女，然而她不甘心这种平凡，学着在平凡中寻找乐趣。她喜欢唱歌，不管是在田间地头，还是在家中的厨灶间，她总能用歌唱的方式应付枯燥的生活，她说："我会自找'乐子'享受生活，我喜欢唱歌，我就把唱歌作为我的乐子，在唱歌时，我觉得做什么事都是快乐的。"这就是姚金秀老人拥有的快乐生活的秘籍，即学着自找"乐子"。

姚金秀老人之所以能在平凡中拥有一个好心情，正是因为她懂得在生活中自找"乐子"。日本五木宽之也说过："为了让自己成为一个快乐的人，我决定每天寻找一件令自己快乐的事，哪怕它一闪即逝也没关系，我会把它记在记事本上。"可见，快乐不是哪个人的专利，只要我们能够学会自找"乐子"，我们人人都可以拥有快乐。

科学家、文学家、政治家、成功的商人……这种种头衔固然令人羡慕，但是不可能人人都拥有这种头衔。然而我们每个人都可以享受到日落晨起的幸福，我们可以每天都听到锅碗瓢盆的交响乐，不要因为得不到耀眼的头衔而破坏了自己的好心情，要试着享受生活中可爱的小事，只要我们学会自找"乐子"，好心情就可以由我们自己来创造。

前不久，刘德华在《建党伟业》中饰演了蔡锷一角儿，当剧组在辛苦拍摄的间歇时，刘德华却没有忘记自找"乐子"。

因为《建党伟业》是一部历史巨作，是反映中国共产党成立的历史故事，所以人们在拍摄期间表情都非常严肃，而且导演要求也比较严格，所以剧组人员多少都有些紧张。然而此时的刘德华却懂得自己找“乐子”，他在没有自己戏份时偷偷躲到后台去练舞，不小心被一些记者拍到。

记者就问他：“你确定自己能把这个人物演好吗？怎么还有心情跳舞呢？”刘德华回答说：“我就是要在紧张的拍摄中找‘乐子’，自我创造好心情，才会有更好的状态去表演。”

刘德华不止在这一次的拍摄中躲到后台跳舞，他还有很多次都被记者拍到在剧组跳舞，有的人误会他，说是为了炫舞，也有的人说是为了耍酷，但刘德华却告诉记者：“我在不开心的时候，就会跳舞，跳舞是我的爱好，只要一跳舞，我就什么都会忘记，重新找回快乐。”

刘德华懂得在生活中自找“乐子”来创造好心情，我们也应该向刘德华学习，学会在生活中自找“乐子”。快乐是发自内心的，它的产生可以是自我发现、自我创造的。生活中的“乐子”可以是早起时冲着镜子给自己的一个微笑，可以是一件漂亮衣服，可以是一支旋律优美的曲子，可以是一本文字优美的书籍，可以是一杯淡淡的茶水。

当我们学会自找“乐子”时，我们也就学会了静心思考，学会了放眼看世界，我们的内心也会变得丰富，我们的好心情也会被创造出来，我们的快乐也就会不请自来。

那么，我们在生活中应该怎么样自找“乐子”，创造好心情呢？

● 从家务劳动中寻找

生活中，有很多人不喜欢做家务，但是我们却可以在家务劳动中寻找“乐子”。比如，我们在洗衣服时，那五彩的泡沫就会飞舞起来，我们可以把它想象成房间里出现的彩虹，我们还可以把它当做大海中的一朵被激起的浪花，当想象力与现实相结合，我们就会很享受洗衣服的过程；当我们在厨房中做饭时，我们可以把菜切成各种新奇的样式，这样我们就不会觉得家务劳动累，反而会享受劳动的过程。

● 从忙碌的生活中寻找

俗话说：“清闲多苦恼，忙碌多快乐。”我们可以让自己的忙碌生活充满乐趣。比如，我们在匆匆上班的路上，可以欣赏一下路边的行人，可以观赏一下身边的美景，或许，我们就可以从忙碌中寻找到“乐子”。

● **从平淡中寻找**

平淡的生活中，我们更容易寻找到“乐子”，比如，夫妻间，可以在平淡的生活中用剪刀石头布的方法决定谁来做家务，这就会让平淡的生活激起快乐的涟漪，只要我们学会自找“乐子”，就能创造出好心情。

【快乐之声】

很多人不敢放手去追求快乐，普遍的原因在于他们是在等待快乐。有的人认为等他们买到房子、车子，手里握有几百万存款之后就可以得到快乐，就可以拥有好心情；有的人认为等到他们找到好工作以后才可以得到快乐；也有的人认为等他们富裕之后就可以得到快乐，但无可避免的，他们都会失望，因为一个问题解决之后，还会有更多的问题接踵而至，这种等待快乐的方式是不可取的。要快乐，就要学会自找“乐子”。

从社交活动中找到一个新的自我

社交活动能够展示一个人的风采，能够树立一个人的自信。参加社交活动，是个人获得自我认识的重要来源，在与他人交往的过程中，他人是反映自我的镜子。我们也可以在与他人的交往中向他人学习，获得足够的经验，从社交活动中找到一个全新的自我。

人们总是愿意把自己的长处展现在更多人的面前，所以在参加社交活动中，有的人可能平常不善言谈，但是为了给人留下好印象，他可能会强迫自己口齿伶俐，还有可能与别人侃侃而谈；有的人会因为缺乏自信又好面子，就会变得唯唯诺诺，不敢跟其他人接近，不管是自信或是自卑的人总能从社交活动中找到一个新的自我。因为社交活动能让自我迸发出能量，更能唤醒一个沉睡的自我。

但是，任何人只要稍稍审视自己就会发现：我们可能因为跟别人的观点不同有着自己独特的见解，我们可能会在某些方面“别出心裁”。这样就会在社交活动中不断产生一些新颖的看法，或者是对自我前所未有的认识和体验，使得我们感到自信和满足，拥有好心情。

李斯是我国秦朝的丞相，他辅佐秦始皇统一了中国，然而，很少人知道，李斯曾经只是一个粮仓管理员。

那时的李斯并没有把自己的目标看得那么远，他也没觉得自己这样生活有什么不好。直到有一天，李斯去参加一个辩论会，正是这次偶然的机会让李斯找到了一个新的自我，改变了李斯的人生态度。

李斯在听别人谈论政治事实时，意外地发现自己对这些问题非常感兴趣，而且看问题的角度跟别人也不一样，在与别人的交谈过程中，李斯认为自己有充分的条件能够参与到政治领域，甚至觉得自己有帮助天下人的能力。李斯觉得自己找到了一个新的自我。

于是，李斯决定，要换一种活法。第二天他便辞退了粮仓管理员的职务，去投奔儒学大师荀况，开始实现新的自我，并在20年后辅佐秦始皇统一了天下。

李斯是因为在一次社交活动中找到了新的自我，找到了更广阔的生存空间，才创造了自己的快乐。

世人看月亮时，有的喜欢月圆，有的喜欢月弦，就像别人对待我们的态度一样，不管别人怎么看，我们都会在社交活动中、在与别人的交往中、在别人的看法中，重新审视自我，找到新的自我。

举例来说，我们参加了一个社交活动，我们身边的朋友正在热烈讨论着一个问题，或许我们会参与其中，说出自己的观点，或许我们插不上嘴，但是无论我们处于什么状态，我们都会找到一个新的自我，也许是第一次了解自我，了解自我的形象。但我们在重新审视自己之后，可能就会产生一种力量，改变那些不利于自己发展的观念，进而把自己的潜能开发出来。

那么，我们在社交活动中，应该怎么做才能找到新的自我呢？

● 在社交中，建立良好的关系

我们在社交活动中，应该与其他人建立良好的关系，与他们打成一片，让这些人帮助我们解决问题。我们应该从点滴的小事做起，要善于曲解，化干戈为玉帛。在社交活动中，人们时常会做出一些令人尴尬的事情，这个时候，我们就应该从善意的角度去化解尴尬，对所发生的事给以曲解，比如，故意把某些人的讽刺当作赞美，弥补别人的一时疏忽，也就能够与他人建立良好的关系，在交往中找到新的自我。

● 重视社交，掌握技巧

我们只有重视社交，才会凸显自我的个性，才能给人容易相处的感觉，才能获得别人的认可，才能在社交活动中找到新的自我。我们就要掌握一些技巧，可以是用典雅的服装修饰自我，可以用谈吐不凡的口才彰显自我，可以用渊博的知识武装自我，还要避免自己触犯社交禁忌，使自己在社交场合游刃有余，找到新的自我。

● **不要让社交诋毁你**

不要把社交看做是简单的待人接物、关系往来，其实，社交活动场所是一个复杂的地方，可能会有一些唯利是图、急功近利的人，我们就要小心处事，谨慎说话，不让社交毁了自我，要从社交人中检视自己的成败得失，找到新的自我，从而提升自我。如此，我们就会发现，在社交活动中也能够创造好心情。

【快乐之声】

古希腊的哲学家告诉世人："在社会交往中认识你自己。"美国心理学家也提出："在与他人的交往中能够发现另一个自己。"所以在生活中，我们应该积极参与社交活动，在社交活动中，找到新的自我，肯定自我，创造自己的好心情，创造属于自己的快乐。

“装”出好心情

心理学家最新研究发现：一个人的好心情可以“装”出来。当这个人总是想像着自己进入了某种情境，感受某种情绪时，那么这种情绪就十有八九真的会到来。当我们情绪低落时，当我们身心疲惫时，当我们生活不如意时，我们只要装出好心情，放松我们的身心，我们就可以在“装”的过程中获得真实的好心情。

我们常常逗引眼泪汪汪的孩子说：“不哭，不哭，笑一笑。”结果很多小孩都会勉强地笑一笑，但是紧跟着他们就会真的开心起来。可见好心情可以“装”出来，所以在生活中，当我们心情不好，意志消沉的时候，不妨装着笑一笑，装出一个好心情，或许我们可以通过表情或心情的装扮道具，走出灰暗情绪的笼罩。

一家公司有一名叫王磊的员工，在上班时总是一脸阴沉，无精打采。公司里的老员工说：“进公司半年来几乎就没见他笑过。”王磊自己也感觉很压抑，他说他害怕公司的老板，害怕他的同事，所以才导致自己如此郁闷。

甚至在他心情极度糟糕的时候，他就不出门，不去见人，于是他就与身边的人距离更远，人也日渐消瘦。

终于，王磊忍受不了这种布满阴霾的日子，他决定去看心理医生。在心理诊疗室待了不到20分钟，王磊就去上班了。到公司之后，他好像换了个人一样，居然微笑着跟同事们打招呼，刚开始同事们以为他是遇到了什么好事情，不久就又会板起他的脸，但是一个月过去了，他的同事们发现王磊的心情一天比一天好，而且跟同事的关系也融洽了，同事们都惊讶于他的改变，于是就问他到底吃了什么灵丹妙药，竟然能让心情变好。

王磊告诉同事说：“我去看了心理医生，医生告诉我，让我装出一副好心情，即使我的心情很糟，也要尝试着装出好心情，露出微笑。医生还让我每天起床，对着镜子笑十分钟，我就会真的开心起来，这个方法真的很好，我刚开始的确是装出来的好心情，可是现在我的心情是真的变好了。”

王磊之所以能够摆脱委靡不振的生活，并拥有好心情，最关键的一点就是他学会了“装”出好心情。无论是在工作中，还是在生活中，假如我们能够学会“装”出好心情，我们就可以真的拥有好心情。

美国著名教育学家戴尔·卡耐基曾说过：“假如你‘装’做喜欢工作，‘假装’你对工作感兴趣，这态度往往就会变成真的。”在利用我们的意识改变我们的心情，改变我们的行为时，我们就能摆脱坏心情，摆脱烦恼，重新拥有好心情。英国小说家艾略特曾说过：“行为可以改变人生。”我们要记住这句格言，并遵照它去做，相信我们就可以获得好心情，获得更快乐的人生。

谁都有心情不好的时候，但是只要我们懂得“装”出好心情，就能给我们带来愉悦的情绪，就能让我们以更好的精神状态去学习和生活。“装”出好心情能够妙手回春，让我们真的拥有好心情。

那么，我们应该怎样“装”出好心情，才会获得好心情呢？

● 给自己画出好心情的脸谱

每天出门之前对着镜子画出好心情的脸谱，然后把它定格，带着这个脸谱去上班，哪怕是遇到了困难，哪怕是自身很疲倦，哪怕是跟别人有了争执，我们只要能带着这个好心情的脸谱，我们就能够“装”出好心情，就能够获得好心情。

● 多回忆愉快的时候

当我们确实很烦恼的时候，我们不妨回忆一些愉快的事情，尽量多想快乐的事情，用回忆的美好装满自己的内心，让美好的回忆荡漾在我们的心中，溢到我们的脸上，就能“装”出好心情。比方说，当我们感到自己很压抑、没有任何动力和积极性的时候，不妨多回忆一些往事，回忆我们当初在斗志昂扬的时候获得的荣誉，我们的内心就会充满愉悦，我们的表情也会随之绽放。无论怎样，只要我们能够装出自己心情很好的样子，我们就会发现，心情也会在不久之后真的好起来了，而且，这种方法还能帮助减轻疲劳、舒缓紧张和忧虑。

【快乐之声】

心理学上有一个重要的原理：除非人们能改变自己的情绪，否则通常不会改变行为。有人说，好心情是自己选的，坏心情也是自己选的，只要你想要选择好心情，你就能够拥有好心情，哪怕你此刻的心情很糟，也可以“装”出好心情，创造好心情。

装出好心情可以让我们的坏情绪在不经意间悄悄溜走，装出好心情可以让我们创造真正的好心情，装出好心情可以让我们拥有快乐的每一天。

换个环境，换个心情

人们利用休假的时间随心所欲地安排出游活动，给自己换个环境，换个心情，让自己的身心得到放松，这已经成为了一种流行趋势。

托尔斯泰说：“在小圈子里着魔发疯的人，好像觉得整个民众也和他们一样失去理智。”在生活的小圈子里背负太大的压力，只会让自己生活得不快，只会跟自己过不去。我们不妨换个环境，走出自己生活的小圈子，到新的环境中放松自己，或许好心情就会随之而来。

陶渊明是东晋末期的著名诗人，田园生活是他诗歌的主要题材，作品有《桃花源记》、《归去来兮辞》、《归园田居》等。

陶渊明在少年时期也有“猛志逸四海”的大志，也曾出任过重要官职，但是皆因他出身庶族而受到他人的轻视，后来陶渊明毅然决定把职务辞掉，回家种地去了。陶渊明认为只有换个环境，才能换个心情，只有离开了制度森严的官场，才能换来好心情。

陶渊明在辞官后，因为换了个生活环境，换了个心情，也就有了灵感创作一些新诗，其中最为出名的一句“采菊东篱下，悠然见南山”就是出自陶渊明在新环境中的作品，而脍炙人口的那句“久在樊笼里，复得返自然”正是陶渊明内心的真实写照，陶渊明只有在适合自己的环境中生存，才会觉得自然，才会拥有好心情。

陶渊明虽然没有在官场中实现自我的风采，却在新的环境中找到了自我，实现了自我的价值，拥有了好心情。

换个环境可以让我们结识不同的人，可以让我们改变对一些人或事的看法，可以让我们不再联想到烦恼的事物，对我们的心情恢复有一定的帮助，或许一个好的环境就可以让我们忘记烦恼，忘记痛苦，缓解压力，消除紧张。

然而，在生活中，却有人说，改变环境是消极的回避，其实改变环境是为了释放压力，缓解紧张的情绪，是为了更好的进取，是为了养精蓄锐，蓄势待发，所以说换个环境反而是积极的，有益的。也许我们在换个环境之后身心就会愉悦，精神也会随之变好。

就像我国的女排队员冯坤，在北京奥运会上惨败后，却能用最佳的状态参加北京和浙江女排的决赛，她在场上的表现还受到了女排教练俞觉敏的夸奖："你的状态越来越好了，有什么秘方吗？"冯坤回答："我在北京奥运会结束后，确实心情沮丧，于是我就去了意大利，当时去的目的就是要换个环境，换个心情，没想到我做到了，这就是我心情恢复的秘法。"冯坤用换个环境、换种心情的秘方走出了失败的阴影，重新创造了属于自己的好心情。我们也可以向冯坤学习，在失意时换个环境。

我们所换的环境，可以是离开家门的一次遥远的旅行，可以是街心花园的一次散步，可以是眼睛疲劳时的一次向远方的眺望。当我们思绪不定、心情焦虑时，我们就应该换个环境、换个心情。

那么，我们应该换个什么样的环境，才能换回一个好心情呢？

● 重新布置自己的家，给家换个环境

家是每一个人都拥有的地方，也是最容易使我们出现审美疲劳的地方，我们可能每天都面对着同一张床，同一张沙发，同样的摆设，所以很难有一个持续的好心情，但是我们可以重新布置自己的家，我们可以把沙发跟床的位置换一换，我们可以把房间的布局改变一下，给我们的家换个环境，让我们的眼睛重放光彩，那么就从家开始吧。

● 让眼睛换个注视的方向

我们可能每天上下班都要经过同一个地方，我们可能习惯性地往同一个地方观看，所以也就造成了我们身心的麻木。那么，从现在开始，就让我们的眼睛换个注视的方向，也许我们平时走在路上习惯了盯着路面，那么我们不妨改变注视的方向，环视一下四周，看一下路边青青的草坪，朵朵盛开的鲜花，看一下行走匆匆的行人，或许我们会因眼睛观看的环境变化而收获一份好心情。

【快乐之声】

换个环境，或许我们可以在外界的风景中放松自我，获得一个好心情；换个环境，或许我们可以在同陌生人的交谈中发现意外的乐趣，获得一个好心情；换个环境，或许我们可以在新的环境中尽情地挥洒自我，为自己创造一个好心情；换个环境，或许我们可以在玩乐的途中养精蓄锐，为自己的明天做好准备；换个环境，或许就可以减轻我们的心理压力，同昨日的坏心情告别。

当我们感到生活疲惫，当我们感觉身心压抑，当我们思想的包袱越来越重时，我们不妨换个环境，在新环境中将一切忧愁和烦恼抛到九霄云外，创造一个好心情。

理性情感制造法

美国心理学家阿尔伯特·艾里斯认为：任何人的情绪和行为障碍并不是因为一件事引起的，而是这些人不懂得用理性控制自己的情感，不懂得用理性制造好心情。

理性情感指的是一个人情感发展的最高境界。一个拥有理性情感的人对自己有清晰准确的认识，因而善于调节它，一个拥有理性情感的人能够科学地管理自己，知道自己的情感在什么地方投入和怎么分配，懂得适时地控制自己的言行举止，懂得合理地排解自己的情绪，为自己创造好心情。

如果我们感情用事，就会以个人的爱憎或一时的冲动去处理事情，可能鲁莽的行动会破坏我们的好心情，会让我们受到惨败的教训。就像我国秦朝末期的项羽，本来拥兵百万，天时地利人和一应俱全，眼看着江山的宝座就要坐稳，然而却因为感情用事，放走了与自己为敌的刘邦，最终让刘邦夺走了天下，还被刘邦围困在四面楚歌的境地，被迫自杀。这就是感情用事的后果。如果当时项羽能够用理性情感控制自己的行为，也许历史将被改写。

在当今社会，我们的好心情都是用理性的情感孕育出来的，所以在生活中，我们要懂得用理性情感制造好心情，这样才会拥有快乐的人生。

斯琴高娃是著名的影视演员，她没有青春靓丽的形象，没有婀娜多姿的身段，然而她却叱咤演艺界几十年，成为影视界的常青树，主要是因为她懂得用理性情感控制自己，能够真正地进入到角色中去。

在演戏的时候，斯琴高娃懂得用理性把握自己的情感，该哭就哭，该笑就笑，然而，演戏过后，她仍然能够用理性情感制造自己的好心情，不让剧中悲悲戚戚的角色影响了自己的好心情。因此，斯琴高娃不仅在事业上获得了巨大的成功，而且在生活中也收获了好人缘，许多刚进入演艺界的后辈都会亲切地叫她斯琴高娃老师。

有记者采访斯琴高娃："娱乐圈这么复杂，您能够占据着中流砥柱的位置，靠山是谁呢？"斯琴高娃回答说："我这把年纪的人能有什么靠山？我靠的不过是我的理性情感罢了，我懂得用理性情感为自己制造好心情。"

在复杂的娱乐圈中，斯琴高娃老师能够屹立不倒，名气不减，并能时刻拥有一个好心情，靠的就是她的理性情感。

那么，我们怎么样才能拥有理性的情感，创造我们的好心情呢？

● 有行动控制力

在自己行动之前，或者是行动开始后，能够充分考虑到事情所导致的后果，能够及时地控制自己是继续还是放弃，而不是自己想干什么就干什么，想怎么做就怎么做，要有一个行动的控制力。比如，生活中，我们知道放纵自己不好，就应该及时地制止自己的行为，而不是任由自己放纵下去，这就是行动的控制力。我们如果对自己的行动有控制力，我们才能拥有理性的情感，才能试着创造好心情。

● 对自我有充分的了解

对自我有充分的了解，需要我们能够对自己作出正确的评判，能够知道自己的优点和缺点，并能够正确地看待自己的优点和缺点。还需要知道自己是否有正确的判断力，是不是跟随别人的说辞而转变自己的看法，然后充分了解自己是否适合所做的事情，是否有热情、有激情去做一些事情，所做这些事情是否对自己对社会有好处。这些都需要了解并正确地看待自己。

● 对社会有全面的认识

我们要通过自我分析思考，对社会现象作出正确的判断，对社会有一个正确全面的认识，不会因看到社会的丑恶现象而自寻烦恼，不会因为难以适应社会的急速发展而焦头烂额，不会因为社会的黑暗面的诱惑而暗自堕落。这样我们也就拥有了理性的情感，就能够创造我们的好心情。

【快乐之声】

赫洛克说："一个拥有理性情感的人不但自己有着正常的情绪，有个好心情，而且对别人也会保持着好心情。"生活中，我们每个人总要长大成熟，真正的成熟就是拥有理性情感，懂得理性处事、待人。

理性情感不是天生的，我们要想在生活中逐渐拥有理性的情感，就需要不断地学习，不断地充实自我。拥有理性情感的人才是最靓丽、最耀眼的人。我们要想拥有好心情，拥有快乐，就需要用理性情感来处理问题，争取拥有理性情感，拥有好的心情，做生活的宠儿。

发挥你的幽默天分

钱钟书说：“一个真有幽默的人别有慧心，欣然独笑，冷然微笑，替沉闷的人生透一口气。”美国心理学家德雷也说过：“幽默的人总是会给人以深刻的印象，因为他们是快乐的使者，他们给人们带来的是欢笑。人们总是会先记住他，最后一个忘记他。”美国督察梅特立说：“幽默的性格好像麻疹一样是会传染的。快活有趣的人只要他稍微靠近我们，我们就会感到有趣、高兴。”从这些名言警句中我们可以得知：具有幽默品质的人不仅能够自己拥有好心情，打开快乐之门，还能感染更多的人拥有快乐的心情。

周星驰无厘头的电影，赵本山诙谐的小品，郭德纲风趣的相声…… 这些作品之所以能达到让人捧腹大笑的境界，正是因为他们成功地运用了幽默的元素。幽默在生活中不止具有让人发笑的功能，在事业中幽默是促进人际关系和谐的润滑剂，在家庭中幽默是家庭和谐、气氛活跃的创造者，在人生中幽默是摆脱困扰、驱逐烦恼的清洁刷。幽默之于人来说有如此多的好处，我们不妨学着发挥我们的幽默天分。

柏拉图是古希腊伟大的哲学家，他的伟大成就让很多人都很羡慕，甚至还被他的朋友所嫉妒。

有一天，柏拉图演说回来，为了给他庆功，他的朋友都送来了礼物，其中一位朋友送了柏拉图一把精致的椅子。但是，令人想不到的是，送椅子这位朋友突然当着众人的面站到了椅子上，而且还在椅子上乱踩乱跳，嘴里大声嚷嚷着说：“这把椅子就是柏拉图的虚荣心，我要把柏拉图的骄傲和虚荣都踩烂。”这一幕让现场所在的朋友都惊愕不已。

但是柏拉图却静静地看着他说：“谢谢你帮我踩掉虚荣心，你可以下来了。”等他这位朋友下来之后，只见柏拉图拿起抹布，不急不缓地去擦他这位朋友踩过的椅子，并对他这位朋友说："现在轮到我来帮你了，帮你把心中的嫉妒擦掉，我们就可以心平气和地坐下来和大家喝茶了。"也因此，这位朋友开始真正地佩服柏拉图，和柏拉图建立了诚挚的友谊。

柏拉图正是发挥了自身的幽默从而化解了尴尬，缓和了矛盾，促进了人际关系的和谐。钱仁康也曾说过："幽默是一切智慧的光芒，照耀在古今哲人的灵性中间。凡有幽默素养的人，都是聪敏颖悟的。他们会用幽默手腕解决一切困难问题，而把每一种事态安排得从容不迫，恰到好处。"所以说一个人如果能够发挥幽默的天分，就能够处理好自己的生活，就能够创造好心情。

生活中，虽然每个人都有着幽默的天分，但是如果不加以培养，也就不能自如地运用幽默，发挥幽默。

那么，我们应当怎样培养自己的幽默感，发挥我们幽默的天分呢？

● **通过阅读来培养**

发挥幽默并不是粗陋、庸俗的简单比喻，它需要有渊博的知识、丰富的底蕴，才能自如地发挥幽默，而渊博的知识来源于大量的阅读，可以是书籍，可以是报纸或者画册等。只有拥有了一定的文化知识，才能慢慢地培养自己的幽默感。

● **通过感悟人生来培养**

一个能够洞悉人生世相的人，必定能收放自如地发挥幽默，所以我们要想培养自身的幽默感，就需要植根于人生中，通过人生的感悟来培养。没有人刚生下来就能够妙语连珠，幽默异常，但是一个经历了大起大落，对人生有着一定看法的人，就能够淋漓尽致地发挥自身的幽默。可见，幽默感是通过感悟人生培养出来的，幽默是人生智慧的结晶。

● **通过自嘲来培养**

一个懂得自嘲的人，懂得开自己的玩笑，才会从趣味的角度看自己，才不会自我吹嘘、自我标榜，才会给人带来欢乐，同时也就会在自嘲中培养自己的幽默感。但需要注意的是，当你在自嘲的时候要认识到这并不是妄自菲薄，而是一种幽默。

【快乐之声】

有人说，一个懂得发挥自身幽默的人在遇到尖锐矛盾时能够喜怒不形于色，好恶不溢于表，不但能及时地处理好这些事情，而且也能打造和谐的人际关系；有人说，一个懂得发挥自身幽默的人在处于尴尬场景时能够化干戈为玉帛，不但能从容地解决问题，还能活跃气氛；还有人说，一个懂得发挥自身幽默的人可以冰释一切烦恼和愁闷。无论人们怎么说，幽默总能赋予人一种能力，一种美德。

发挥自身幽默可以是语言上的风趣，可以是肢体上的动作，可以是故意曲解，可以是故作高深，可以是滑稽的比喻……但是幽默绝非是浅薄的、无聊的、琐屑的玩弄字眼的游戏。

了解情绪的周期性

心理学家经研究发现：人的情绪是呈周期性变化的，以28天为一周期，前几天人们可能精力充沛，心情愉快，称为高潮期；中间几天可能会心情烦躁，自我感觉不好，称为中介期；而后几天可能就会情绪低落，反应迟钝，称为低潮期。这种高、中、低的情绪循环变化被心理学家称之为情绪周期性。

生活中，有的人会在一个月的前两天心情很好，后几天心情却很差，而且这种变化还会呈现出一定的规律，其实这就是情绪的周期性。人们都知道日升日落、月缺月圆、春夏秋冬这些是有周期性的，然而很少有人知道我们的情绪也是有周期性的。

德国心理学家斯沃博特经研究发现："人的情绪会受外界因素和自己心理以及生理的影响产生一些波动，但这是正常现象，只要人们能够了解自己的情绪，提前采取措施，这个周期性不但会让我们每天都拥有好心情，而且还会提高工作或学习的效率。"所以，我们要想拥有好心情，过开心的生活，就应该了解自己的情绪周期性。

我们可以采用画图的方式或者是记录的方式，把我们连续几个月的情绪清晰地画到或写到一张纸上，然后根据平均法则推测出我们每个月在每一天可能产生的情绪，避免因为情绪的变化而影响我们的心情、工作或学习。

日本有一家名叫井上俊的事务所，在收益排名上几乎年年都占据着领先的位置，这种经久不衰的名气引起了各大媒体的关注。

记者就问这家公司的老板，是不是有什么实战秘籍，然而公司中的老板却说："什么实战秘籍都没有，只是我了解公司每个人的情绪周期变化。"

这句话让所有的记者听的是一头雾水，于是就要求他把事情说得再详细一些。他就告诉记者说："原来我公司的效益也是时好时坏，而且我公司的员工在跟客人谈生意时叙述得井井有条，没有什么不专业的地方，可是我却发现员工的效益呈现出一个规律性。我就召集所有员工开了会，才发现，原来生意没谈成的时候，大多是因为情绪不好。我就做了一个大胆的尝试，让我的员工每人都列出一个情绪表，谁的情绪好才让谁出去谈生意，情绪不好的就留在公司，或者回家。没想到的是公司的收益居然奇迹般地上升了，情绪好的人几乎都能谈成功。这就是我们公司胜出的原因。"

这家公司之所以收益排名遥遥领先，原因就是：公司老板了解员工的情绪周期性。通过以上的例子，我们可以知道了解自己情绪周期性的重要。当我们的情绪处于高潮期时，我们就应该充分利用自己的好情绪去工作，去学习。

那么，有没有方法能够让我们低落的情绪转变成为好的情绪呢？

● **自我激励**

当我们感觉自己的情绪进入低潮阶段时，我们应该用坚定的信念，用生活中的榜样或者是用名人的警句来安慰自己，鼓励自己，用自我激励的方法作为我们精神活动的动力，使自己能够拿出积极的心态来面对低落的情绪。

● **自我暗示**

当我们处于情绪低落阶段时，我们可以通过自我暗示的方法来调整和放松我们心理上的紧张，使自己低落的情绪得到缓解，甚至可以使自己低落的情绪转变成为好的情绪。比如，我们可以对自己说：这些没什么大不了，挺挺就过去了；忧愁于事无补，不如振作起来；我要改变自己，我要控制自己的情绪，拥有快乐，等等，用自我暗示的方式排除心中的杂念，使自己低落的情绪转变为好情绪。

● **创造快乐**

当我们的情绪低落时，我们要学会运用创造快乐的方法积极地调节情绪，驱走我们心中的愁闷，减轻我们的精神压力，使得我们低落的情绪转变为好的情绪。

● **视线调节**

我们可以在情绪不佳时，到景色优美的大自然中转移我们的视线，这样做可以使我们在感受到优美景色的同时，还能忘却烦恼，也就起到了调节的作用。视线调节的方法同样可以使我们低落的情绪转化为好的情绪。

【快乐之声】

了解情绪的周期性，充分利用好情绪可以事半功倍，但是，我们也不可能在情绪不好时就不工作，不学习。那么，当我们的情绪处于低潮时，我们该怎么做呢？首先我们不要紧张，要根据自己的情绪周期表，对自己哪天会情绪低潮提前做个心理准备，以积极的心态面对低落的情绪，或者可以当情绪低潮到来的那天有意识地回避一些容易引起自己不快的事情，避免坏情绪给我们造成危害。

学会进行情绪的自我暗示

情绪的自我暗示指的是人通过接受某种观念，给自己的心理施加某些影响，使自己的情绪发生转变。自我暗示代表着一个人内心的“自我谈话”，也代表着对自己的看法，能够起到客观正视自己的作用。

生活中，可能有的人总认为自己不行，久而久之，这个人也就真的变得不行；也可能有些人总是自信满满，结果这些人也就真的得到了他们想要拥有的。其实，这就能说明是自我暗示在影响着我们的生活。

自我暗示包括消极暗示和积极暗示，消极暗示是我们心灵的腐化剂，腐化我们的自信，让我们产生自卑和低落的情绪，只能给我们带来消极的影响，所以我们需要学习的就应该是积极的自我暗示，积极的自我暗示能够自觉地诱发积极和良好的心态。生活中，如果我们能够采用积极的情绪进行自我暗示，用积极的思想和语言不断提示自己，就能使我们时刻保持精神振奋，使我们获得好情绪，拥有好心情。

积极的自我暗示可以诱导和锻炼出积极的心理状态，积极的自我暗示是自我鼓励、自我安慰，使心理状态得到自我调整、自我平衡，而绝不是自暴自弃，给自己施加不良影响。

黄英凭借一首《映山红》入围全国三强，获得了2009年湖南卫视举办的“快乐女声”亚军的殊荣。但在她刚进入全国50强的时候，却认为自己已经做到了极限，也就是这种自我暗示的力量让黄英处于了待定的位置。

在进行最后一次清唱时，黄英开始觉得自己不想离开这个舞台，她还可以表现得更好，也就是这种积极的自我暗示，使黄英渡过了被淘汰的危险，再一次被留下。

黄英发现这种自我暗示对自己情绪的转变有很大的作用，之后，在一场场更加残酷的比赛中，黄英总是用这种积极的自我暗示调节自己的情绪，使得原本紧张、胆怯的自己变得从容、自信，在比赛中连连告捷，步步高升，也终于成功挤进了全国三强。

在被记者采访时她是这样说的："我总是暗示自己，我能行，我一定会留下，我就是利用这种暗示的方法撑到了最后。"

暗示的力量在黄英的身上体现得淋漓尽致，心理学家跟分析学家均指出：一旦某种想法进入潜意识思维中，就会留下相应的痕迹，而长期积累则会产生相应的结果，这就是暗示的力量。

科学家对于自我暗示的力量做过这样的实验，每天选择一个固定的时间用自我暗示的方法为一个病人减轻某种疼痛感，一段时间过后，这个病人的疼痛果真消失了。在现实生活中，只要我们能够学会进行情绪的自我暗示，就能使我们的情绪和意志发生改变，例如，一个人在镜子面前看到自己脸色不好，他学着采用情绪的自我暗示，告诉自己呼吸一下新鲜空气就会好的，于是他的精神也就振作了起来。

那么，我们应该怎么进行积极的情绪自我暗示，才能转化消极暗示，创造好心情呢？

● 从早晨开始进行自我暗示

一年之计在于春，一天之计在于晨。我们要从早晨开始对自己进行积极的自我暗示，从早上起床那一刻，就要对自己进行暗示。可以是一句催人奋进的话语，可以是一段慷慨激昂的歌词，总之要用积极的自我暗示来达到效果。千万不可有消极的暗示心理，然而有的人却在早上起来就觉得自己心情不好，觉得这一天肯定很累，这种消极的暗示只会给自己带来不良的情绪。

● 做好晚上的暗示

当我们晚上躺在床上的时候，可以对自己今天所做的事情给予一个积极的暗示，暗示自己做得很好，暗示自己还需加油，之后再想一下明天的事情，并对明天要做的事情进行暗示：明天我一定会做得更好。这种潜意识就会留在我们的脑中，转化成为我们的动力。

【快乐之声】

积极的暗示固然能带来积极的影响，但在日常生活中，我们却会不自觉地给自己一些消极暗示。面对这些消极的暗示，我们应该及时回避或者转化它们。例如，有些人在买手机号码的时候，凡是带4的，他们都不会买，说是不吉利，其实他们大可不必给自己这种消极暗示，他们可以告诉自己，四是一个很好的数字，四季发财，四季平安，四方吉庆等这些带四的句子都是好的意思，这种回避或是转化就能让我们走出消极暗示的怪圈。

谨防季节里的情绪不适

在我们的生活中，有些人的情绪会因为季节的变化而变化。加拿大多伦多大学的研究人员经过研究后发现：有一种微型蛋白粒子可以根据春、夏、秋、冬季节的变化，以不同的频率活跃于人的大脑内，它会在光照不足的季节里清除脑细胞间隙中的“快乐荷尔蒙”，从而影响人们的情绪。

人与人之间的交流，往往也会受彼此间情绪的相互传染，所以预防季节里的情绪不适就很重要。由于季节变化而产生的情绪不稳很容易给我们带来日常生活中的诸多不便。如夏季的狂躁感，秋季的萧瑟感，冬季的压抑感等，这些不良情绪都会使我们在与人交流的过程中异于往常，并且会将这些不良情绪传染给他人。

曹磊是深圳一家上市公司的销售主管，日常工作的繁重，同事间激烈的职场竞争使他的神经时刻处于紧绷状态，巨大的压力总是让曹磊身心疲惫，难以喘息。

在2008年的夏天，曹磊因没有按时完成领导所交代的工作任务而受到处罚。恼羞成怒的曹磊与单位领导大吵了一架，并不欢而散。

骂骂咧咧地走出公司，燥热的天气使他的内心越发敏感，心中怒火被炙热的阳光不断催燃。这时恰巧有人在其身旁经过，一不留神撞到了他的肩膀。路人的道歉声很没有诚意，扭头又要继续走。这时，曹磊心中的不满与怨恨，就像洪水泄闸般即刻释放。他瞪圆双眼，抬手给了那人一巴掌，路人虽然心有困惑，但恼怒之情也是喷薄而出，立刻还了曹磊一巴掌，嘴里还破口大骂。两人逐渐推搡起来，街上看热闹的群众越来越多，起哄声传到了曹磊耳中，如同魔鬼在他耳边催促，令他脑子一热，冲动地将对方推倒在地，两人在大街上就这么相互扭打起来，炎热的天气使他们头脑发热不说，还丢尽了脸面。

战斗在一片唏嘘中逐渐升级，曹磊拿起路边的一块板砖拍在了对方的头上，对方瞬间头破血流，路人也不甘示弱，抓起手边水果摊上的西瓜刀，捅向了曹磊，曹磊当场死亡。

曹磊的事例很有代表性地表现出由季节所引发的情绪不适，在没有得到重视和疏导的情况下，因为细小事件引发而无限量地扩大，最终酿成了惨剧。夏季的炎热气温能够使人的体温升高，也能够使人的头脑发热，假如我们不能很好地预防由生理不适产生的情绪不适，势必会给我们带来烦恼。

既然我们无法改变季节的变化，不能完全避免由于季节变化而产生的情绪波动，那么我们就要把这种波动对于我们的影响值降到最低，做到正确而且科学的预防。

那么怎样才能正确且科学地预防季节里的情绪不适，避免一些意外的发生呢？

● 适应季节变化

在不同的季节应该有针对性地饮食、穿着，例如在夏天注意降暑，多吃西瓜、莲子等去火食品。在冬天主要注意保暖，吃一些热性水果。要想避免由季节而引发的心理不适，首先要在生理上适应季节的变化，防止出现生理问题而导致的情绪问题。

● 注意心理健康

在季节交替的过程中，应特别注意心理情绪的健康问题，一旦发现情绪有所异常，如突然变得暴躁，突然感觉焦虑等，应立即重视。适当地减轻自己的工作压力，平和自己的心态，或马上进行心理疏导，宣泄不满情绪等，尽早解决问题，避免不良情绪的再度升级。

● 保持良好的生活规律

保持良好的生活规律，对预防因季节变化而产生的情绪不适是非常有效的。在生活中需要参加一些放松身心的活动，比如唱卡拉OK，跳舞等，作为发泄不良情绪的通道，当我们能够将自己的生活保持恰当的规律性，那么这种规律性就足够帮助我们坦然应对每个季节。

【快乐之声】

由于季节变化而产生的情绪不适有可能引发人的心理疾病。有专家发现，春天里患精神分裂的人要多于其他季节，而人们谈虎色变的抑郁症，在冬季的发病率远远高于另外三季。假如不能很好地预防因季节变化而产生的情绪不适，将很有可能受到此类心理疾病的纠缠。

Part 8 与人和睦相处

与他人共同营造良好心情

“千里之堤毁于蚁穴，为山九仞功亏一篑”，很多人不能成功，并不是因为努力不够，而是他们忽略了和他人建立和睦的关系。那么，我们在生活中应该怎么做，才能与人和睦相处，与他人共同营造好心情呢？“爱人者，人恒爱之；敬人者，人恒敬之。”这是孟子对于怎样与人和睦相处所给出的回答，当然，与人和睦相处的答案不止是这一方面，它还要求我们在与人相处时不要把坏情绪传染给别人，要把好情绪传染给别人，并与他人一起营造好的氛围，才能共同营造好心情，收获快乐。

有句话说得好：“快乐并不取决于财富、权力和容貌，而是取决于你和周围人的相处。”所以说，我们要想获得快乐，就应该学会与他人和睦相处。与人和睦相处，就能共同营造出良好的心情，提高我们的生活质量。

别让他人的坏情绪传染了自己

病毒、细菌会传播疾病早已众所周知，然而美国心理学家加利·斯梅尔经过调查研究后发现，情绪也可以像病毒跟细菌一样携带传染因子，具有传染性。

美国心理系教授埃莱妮·哈特菲尔德经过研究也发现，包括喜怒哀乐在内的所有情绪，都会从一个人身上“感染”给另一个人，如果我们能受到好情绪的感染固然好，可是我们也极易受到坏情绪的感染。

一位男士在搭公交车时，因为车上人太多了，勉强挤进来一条腿，还没等另一条腿进来，司机就关上了门，并催这位男士：“快点啊。”这下可把这位男士气晕了，开始跟司机吵了起来，并在车上要求司机停车，公交车就这样停到了路上，闹得一车人的情绪都很不好，男士回到家后仍然拉着脸，接着又跟妻子吵了起来。

可见不良情绪会在无形中扩散，导致自己身边的朋友、家人都觉得难受。我们可能在倾听别人讲解痛苦经历时不自觉地就会感到难过，我们可能在同事抱怨老板刻薄时也会产生相同的想法，我们可能会因为孩子的哭闹而烦心，我们可能会因为对方抱怨生活而消沉…… 坏情绪就像一把锋利的飞刀，在不知不觉中逼近我们，刺伤我们。

也许我们也不想受到别人坏情绪的感染，但是又左右不了别人的情绪，就任由坏情绪这把锋利的刀子在自己的体力和精力上划下深深的伤口，影响我们的生活。

有一位名叫小樱的女孩子，她的脸上一直挂着笑容，学校的老师特别喜欢她，每次放学时总要把她送到校门口，可是这位老师却不喜欢她的妈妈，因为每次她妈妈来接她时总是一副冷冰冰的样子。

课下老师也曾经问过小樱是不是家里有什么不愉快的事情，所以她妈妈才不高兴，可是小樱却回答说：“我妈妈不喜欢笑，一直是这个样子。”老师也就没再理会这个问题。

可是，暑假过后，这位老师发现了一个奇怪的现象，小樱脸上可人的笑容不见了，取而代之的是一脸的成熟跟凝重。老师刚开始以为小樱是因为放假时间长跟大家变得陌生的缘故，但是，转眼一个月过去了，小樱还是没怎么笑过，老师就单独跟小樱谈了一下，也没发现有什么影响了她。

晚上放学时，老师依旧把小樱送到了校门口，此刻才发现她冰冷的面容竟然跟她妈妈如此相像，也许小樱的妈妈根本就没有发现小樱的变化。

小樱妈妈的坏情绪弥漫在小樱的身边，或许小樱自己都没有发现她已经被她妈妈冷冰冰的态度所感染。生活中也是如此，我们可能在不经意间就会被别人的情绪所感染，再加上现代生活的压力，或许会使本身就处于坏情绪边缘的我们，变得更加焦虑、生气、伤心。但我们又不可能改变别人的坏情绪，我们就只有调控自己的情绪不受别人的感染。

因此，我们在生活中就应该学会调控自己的情绪，不让自己的情绪被别人的坏情绪所感染，用积极的态度和心情去生活。

那么，我们应该怎么做才能不被坏情绪所传染，才能提高自己对别人坏情绪的“免疫力”呢？

● 远离消极的人

我们的生活中，有些人总是说这个不好，那个不好，或者一见面就打击别人的行为，在无意中传达着消极的信息，这种人走到任何地方带给人的都是负面的影响，要想不被这种人所传染，我们就应该选择适当的远离，只有离开了传染的源头，才有可能不被传染。所以，我们在生活中要远离消极的人。

● 寻找别人的优点

当我们不得不与消极的人在一起时，我们不妨从他们身上找一下优点，或许他爱满腹牢骚地向你诉说，但他也是个口才一流的人才，或许他会愤怒地摔打东西，但他的身材很好。如果我们能够转移对他坏情绪的看法，我们的心情也许就不会被他们所传染。

● 坚持做自己，不受他人影响

有些人总认为什么事情都跟他有关系，总认为别人说什么话好像都针对他，于是一旦别人说一句跟他有关的话，立马就会刺激到他的负面情绪。比如，本来他在大街上好好得走着，忽然听到后面有人在骂，他就会认为是在骂他，于是就跟别人争执起来，使得自己的心情变糟。这种人就极易被别人的坏情绪感染，我们不要做这种人，要坚持做自己，不受他人的影响，也就不会被别人的情绪所感染。

【快乐之声】

只要我们用积极的态度，积极的心情看世界，不为昨天的悲伤而失意，不为今天的烦恼而失落，不为明天的得失而忧愁，对于烦恼过的事情学会遗忘，对于忧愁的未来学会淡然，一切顺其自然，相信我们就能够拥有好心情，就能够拥有与人和睦相处的心境，也就能够与他人营造良好的氛围。

好情绪营造好氛围

法国作家雨果说过："微笑，就是阳光，它能消除人们脸上的冬色。"可见任何负面情绪在与爱接触后，就如冰雪遇到了阳光，很容易消融，好情绪不仅能赶走冬天的寒冷，还能给人带来温暖以及舒服、愉悦的感觉。

情绪好的人，充满了爱与温情，他们能使本来发脾气的人改变他先前的情绪；情绪好的人，拥有一颗感恩的心，他们能好好珍惜上天赐予他们的一切美好，他们还善于经营自己的人生，让它更芬芳；情绪好的人，不轻易动摇的信心让他们获得幸福，这让所有人都为之向往，情绪好的人在任何场合都能够做到收放自如，成熟稳重，好情绪能够营造好氛围。

在冬天早晨的街道上，有一位女士在凛冽的寒风中艰难地行走着，脑子里却想着："这么冷的天，不知道学生们能不能提起上课的兴趣。"

这么想着的她，终于步履维艰地走进了学校，原来她是一名新来应聘的教师，只见上课铃声响起时，她却在照镜子，并对着镜子说："要微笑，自己要情绪高涨，才能带动学生们。"说完，脸上挂着笑容，信心满满地走进了教室。

当她走上讲台时才发现，好多学生都趴在桌子上，好像冬眠一样，但是她并没有生气，反而大声说："同学们，冬天的阳光太温暖了，让我们一起站起来朝窗外眺望一下吧！"于是，学生们都从自己的凳子上站了起来，笑呵呵地朝外望着，还议论着说："这位老师的笑好灿烂啊。"

好多学生都受了她的感染，跟她互动起来，上课时的气氛异常活跃，就如同她高涨的情绪一样，她的第一堂课也顺利地通过了学校的考核。

这位老师之所以能够在课堂上营造良好的气氛，在于她有个好情绪，并且能把情绪“传染”给他人。人们都说春困秋乏，夏热冬寒的时候难以有好心情，难以与人建立和睦的关系，其实无论春夏秋冬，严寒酷暑，只要我们拥有一个好情绪，就能营造好氛围，就能与人建立和睦的关系，与他人共同营造好心情。

足球教练米卢曾说过：“好情绪决定一切。”事实上，我们也经常在生活中看到，好情绪的人总是激情四射，活力无限，他们走到哪里，似乎好氛围就跟到哪里。看似很奇妙，其实很简单，因为好情绪能够营造好氛围。

那么，我们怎么做才能拥有好情绪，用好情绪营造好氛围呢？

● 重视家庭生活

家是一个人生活的基础，温暖和谐的家是人们快乐起来的根本动力。我们只有重视家庭生活，与家人建立友好的亲情关系，才能在感情上、事业上互相支持和帮助。所以我们只有重视家庭生活，才能拥有好情绪。

● 积极参加社交活动

一个离群索居、孤芳自赏的人，是不可能拥有好情绪的。因为人是社会的一员，必须生活在社会群体中，只有参与的活动多了，认识的人多了，才会获得更多人的支持，才会培养自己的信任感和安全感，才会慢慢拥有一个好情绪，继而把好情绪传播给其他人。

● 多看有益的书籍或影视作品

有很多人在心情低落时选择看电影或看书来改变自己的心情，在书籍或影视作品中寻找积极的方面去学习，就能收获一个好心情。所以，要想拥有好情绪，就应该多看一些书籍或影视作品，运用广博的知识与他们沟通，营造好氛围。

【快乐之声】

在家庭中，好情绪的人不唠叨、不忧虑，能为家人创造理想的家庭氛围；在学校里，好情绪的老师谈吐流利、幽默可爱，能给学生们带来好的课堂氛围；在工作中，好情绪的人积极配合、真诚主动，能在同事间营造轻松的工作氛围；在交际中，好情绪的人轻松自然、沉着冷静，能与人和睦相处共同打造良好的心情。

学会体察他人情绪

“世事洞明皆学问，人情练达即文章”，古人把人情世故当做一门学问，可见人情世故对于我们至关重要。有没有一种能与人和睦相处的策略呢？有，那就是要学会体察他人的情绪。

在相处过程中，有的人很自私，总是事事想着自己；有的人很大方，总能顾忌别人的感受；有的人很小气，总是吝啬给予；有的人很宽容，总是待人和善；有的人很奸诈，总是算计别人。但是每一个成功人士在与人相处时总能处理好各种关系，结交到一个又一个对自己有益的朋友，这足以证明人与人相处是一门学问，需要我们不断地学习，才能完善我们的人际关系，才能做到与人和睦相处，才能营造良好的心情。

荀攸是三国时期曹操身边的军师，一名重要的谋士，也是曹操最喜欢、最器重的一位“谋主”。

荀攸一生为曹操献计数千，无一不胜，但这并不是荀攸受到曹操器重的唯一原因，更重要的原因是荀攸能够体察曹操的情绪。

关羽曾经在失去刘备的下落时在曹操手下当差，曹操十分欣赏关羽，并发下誓言说：“只要你打听到刘备的下落，我就随时放你走，决不让任何人拦你。”

没过多久，关羽真的找到了刘备的下落，于是就向曹操请辞，曹操无奈只好放他走，但是曹操深知一旦关羽离开曹营，定要与自己为敌，于是想要杀了他，可是又不能破了自己立下的誓言，于是很尴尬。这时，在他身边的荀攸看到了曹操的挣扎，体察到了他的情绪，于是他胁迫皇帝下了一道密旨，让曹操手下的大将在关羽经过时，对他格杀勿论。这让曹操解除了心理的矛盾，也让他保住了自己的威严。

荀攸之所以能够在曹操身边数十年，并从未受到过怀疑，就缘于荀攸懂得体察他人的情绪。生活中，我们不求有荀攸事主时的能耐，但我们也要具备与人相处时的技巧，那就是学会体察他人的情绪。

俗话说："在家靠父母，出门靠朋友。"我们唯有和朋友建立良好、和睦的关系，才能在社会上更好地生存。那么我们就需要学会体察他人的情绪，与他人建立和睦的关系。有的人不善于观察别人的情绪，导致了不良的后果。

小王本来就是个幽默的人，在他看到自己的同学时，每次都要开别人的玩笑。有一次，小王看到迎面过来的小李，胳膊上绑了一块白布，看到小李很伤心，本来想要劝他的小王禁不住开起了玩笑："老人走了好啊，省得我们做晚辈的为难，做什么都不是。"但是小王不知道小李特别爱他的父母，结果被原本就很伤心的小李狠狠瞪了一眼，从此小李就不怎么搭理小王了，正因为小王不懂得体察他人的情绪，本来想要安慰的，反倒变成了讥讽。

因为不懂得体察他人的情绪，导致像小王这样的后果的例子不胜枚举，所以，我们要想在生活中与别人和睦相处，就应该学会体察他人的情绪。

那么，我们怎么才能学会体察他人的情绪呢？

● 善于观察他人的脸色

一个人情绪的好坏大都表现在脸上，如果我们想要体察他的情绪，就应该先观察他的脸色，如果他的脸色很差，我们就可以初步判断出他心情不好，就不应该再跟他开玩笑，或是在他面前大声喧哗，应该给他一点自由的空间，或是跟他说一些关心的话。这样就能够与他和睦相处。所以，要想学会体察他人情绪，首先应该善于观察他人的脸色。

● 为他人着想

我们不光要通过观察别人的脸色来体察他人的情绪，我们还应该站到他人的立场考虑问题，为他人着想。我们只有设身处地地为他人着想，才能体察到别人的情绪，才能与之更好地沟通、交流，也才能够和睦相处，与他人共同营造良好的心情。

● **入乡随俗，平等待人**

有人曾说过："要学会入乡随俗，上了公交车，你就是乘客，坐到了办公室，你就是员工，不要老想着自己曾经的辉煌，自己的家人是高官或农民，我们只有做到了入乡随俗，才能有一种平等待人的心态。"

要以平等的态度看待每一个人，才不会高高在上，盛气凌人，才会有好的态度与人共处，才可能会体察到别人的情绪，也才不会让他人对我们产生误解，才可能与他人和睦相处。

【快乐之声】

甲在地上写了一个6，站在对面的乙非说这是9，两人吵得面红耳赤，丙过来，看出了端倪，劝他们站到对方的位置看一下，甲和乙才恍然大悟。这说明，只有学会站到别人的立场，不单从自己的位置看待问题，体察别人的情绪，才能够真正地弄懂问题。

情绪面具在交际中的作用

人类拥有数百种情绪，任何心理、感觉、感情都可能引起情绪的波动。它们或泾渭分明，如爱恨对立；或相互渗透，如悲愤的和悲痛常常互相夹杂。然而情绪的产生却是短暂的，但这短暂的情绪却往往推动着人们的思想及行为。人们在情绪好的状况下或许会思路畅通，工作或学习的效率，而人们在情绪坏的状况下可能会思路堵塞，或许还会降低工作或学习的效率很高，也就是说，情绪左右着人们的认知或行为，影响着人际关系信息的交流。

美国人际关系专家赖自斯曾说过："谁能控制自己的私人情绪，谁就赢得了交际的主动权。"可见，谁能够掌控情绪，谁就能够在交际中先占一筹，因为情绪能够传递信息，使人相互了解，是人建立关系的纽带，情绪面具在交际中发挥着巨大的作用。

生活中，我们做任何事情都不可能凭借一己之力完美做成，所以我们必须与他人有交往。有人说："没有交际能力的人，就像陆地上的船，永远到不了人生的大海。"可见交际的重要性，所以我们唯有通过一些人的帮助才能够在人生的海洋中随浪而行，才能够到达人生的彼岸，那么在与这些人的相处中，就形成了交际。在交际这个暗礁四伏的海洋里，如何能使自己的小舟驾驶得安全平稳，那就需要借助情绪的面具，遇风遮风，遇雨挡雨，说到底这还是一个调节自身情绪的问题。

在现实生活中，有小人，有君子，有高官，有百姓，面对着形形色色的人，我们需要以不同的方式，不同的情绪去接触、去对待。所以我们就要戴上情绪的面具，"遇人说人话，遇鬼说鬼言"。

和绅是乾隆在位期间最受宠的一位大臣，史料上记载和绅为官29年间，居然官封47次之多，据说和绅之所以如此受宠除了他有真才实学外，还在于他永远带着一副情绪的面具。

乾隆是个善变的皇帝，有一次，乾隆让大臣们隔天上早朝时不要穿臣服，要他们穿便服，俗话说：“君叫臣死，臣不得不死。”大臣们谁也不敢不从，第二天大臣们都穿着便服来上早朝，和绅也不例外，可是当大臣们都跪安时，乾隆却说：“你们目无章法了吗，居然敢穿着便服来上朝，你们怎么这么大胆啊，是谁让你们这样做的？罚你们五石俸禄！”当时群臣们一月的俸禄大概是十石。大臣们都议论纷纷，但是却都不敢说是皇帝说的，于是群臣们都又气又怒。

此时的和绅也被罚俸禄，心情当然也不好，但是他却能够戴上情绪的面具，不像其他群臣那样面露难色，颇有微词。他还立马谦卑有加，笑脸相迎地对皇帝说：“主子英明，小的们目无章法实在该罚。”一句话逗乐了本来有些心虚的乾隆，也从此更加地喜欢他。不止在皇帝面前，和绅懂得时刻戴上情绪的面具，而且在与其他人的交往中和绅也懂得戴上情绪的面具。

之后，乾隆都是让和绅在身边侍奉。直到乾隆死去，和绅在皇宫的地位一直是高高在上的，没有哪位大臣能告倒他。

和绅之所以能在乾隆面前得宠，在群臣里脱颖而出，在官场上游刃有余，完全在于和绅懂得在交际中使用情绪面具的重要性。

然而，在我们的身边却有很多人喜欢将私人情绪有意无意地带入交际中，从而产生很多不必要的摩擦和纠纷。

所以，我们要想在交际中如鱼得水，在与人交往中和睦相处，就应该知道情绪在交际中的作用，就应该戴上情绪的面具。

那么，我们怎么样才能在交际中理智正确地戴上情绪的面具，与他人和睦相处呢？

● 认识不良情绪带来的影响

我们在与人交往中，或许不良情绪会使我们的意识变得狭窄，削弱我们的判断力和自制力，让我们不能辨别交际中的一些人是敌还是友，如果我们因为不良情绪的影响而把敌人当做朋友，那么也许我们会在商场中输得很惨，会在生活中变得狼狈，而一旦我们能够认识到不良情绪带来的影响，也就会学着隐藏自己的情绪，戴上情绪的面具从容应对。

● 学习从光明的一面观察事物

我们应该知道，很多从表面看起来很令人生气或悲伤的事情，如果在交往中能够换个角度去观察，用另一种眼光去看待，学着从光明的一面观察事物，或许我们就会发现积极的一面，就能够及时地调节自己的情绪，就能够在交往中戴上情绪的面具，与人和睦相处，与他人共同营造良好的心情。

【快乐之声】

有的人因为在家中受到了委屈，就把这种情绪带到工作中，致使对待同事，对待工作都产生懈怠的情绪；有的人因为其他事情情绪低落，导致在生活中也变得没有精神，与人交往时更是无精打采；有的人在情场失意，却把这种失意转移到对其他事情上。可见如果不明白情绪在交际中的作用，不能够及时地戴上情绪的面具，就会彻底地影响我们的生活，我们的工作，甚至是我们的家人，影响我们在交际中的每一件事、每一个人。

善待他人就是善待自己

大雪纷飞的街道上，一位叫做乔的人正开车往家赶，却看到一位老太太站在马路边，好像很无奈的样子，于是乔就下车问了一下情况，原来老太太的车坏了，修车公司因为下雪又赶不过来，所以她才很着急。乔二话没说就开始帮她修理车子，修好之后就匆匆地离开了，但是老太太却记下了他的车牌号码，并在隔天了解到他们家很困难，他的妻子还没有工作，老太太就决定给他的太太一份工作，以报答乔的修车之情。

如果乔没有帮助、善待这位老太太，那么老太太也就不会为他的妻子寻到一份工作了，这个小故事告诉我们一个生活的哲理：善待他人就是善待自己。

生活中，可能我们今天趾高气昂地对待一个人，而明天就有可能去请教那个人，这个时候，我们不能保证那个被无礼对待的人会对我们宽宏大量，会公平地对待我们，给予我们完美的回答。即使对方会这么做，我们也会感到心虚，或许此时我们还会懊悔不已，不过亡羊补牢，犹时未晚，我们可以从今天起，从小处着手，善待他人，因为善待他人就是善待自己。

比尔·盖茨曾对青少年说过这样一句话："成功是一个人的人格资本，要想获得这个资本就要善待他人，善待他人就是善待自己。"可见，善待他人是我们在寻求成功的过程中必须遵守的一条基本准则。当今社会是一个人脉社会，我们要想把握好人脉关系，就只有先去善待别人，帮助别人，才能与他人和睦相处，从而获得与他人的愉快合作和事业的成功。

曾经有一个小孩，他从小就住在山里，家里很穷，几乎没有什么奢侈品，一次他妈妈外出带回来一面镜子。这个小孩不知道镜子是怎么回事，于是拿起来就看了一眼。

他看到了镜子里有另外一个小孩，他就问"他"："你是谁，你怎么在这里面？”他没有得到回答，于是就有些生气地说：“你为什么不回答我？”另一个“他”还是没有开口，他就很愤怒，瞪着眼睛看着另一个“他”，只见镜子里的“他”也作出跟他一模一样的表情，也很愤怒，于是这个小孩就被惹火了，想要挥手去打镜子里的“他”，然而镜子里的“他”也不甘示弱，也挥着手正准备打他。

小孩很害怕，于是就跑到门外跟他妈妈说：“妈妈，妈妈，镜子里有个小孩，特别坏，他不但瞪我，他还想打我。”他的妈妈没有像其他家长一样告诉他，说那是镜子，而是对他说了这样一句话：“那是你太凶了吧，如果你对他微笑，或许他就会朝你微笑了。”

小孩又跑进屋里，对着镜子笑了一笑，他真的发现镜子里的人也在朝自己微笑，小孩高兴极了，他又跑到妈妈面前说：“妈妈，他真的朝我笑了。”这位妈妈此时却告诉他说：“孩子，这只是一面镜子，他只是能够照出你自己的模样，但是生活中，我希望你懂得这个道理，你对人好，人便对你好。”

小孩的母亲恰到好处地教会了孩子一个道理：在生活中只有善待他人，他人才能善待自己。我们在这个纷繁复杂的世界里生活，各类关系纵横交错，一个善意的眼神，一句关心的话语，在善待他人的同时同样是在善待自己。如果我们不善待他人，或许就不会与他人建立友好的关系，不能与人和睦相处，或许他人还会阻碍我们人生的步伐，甚至对我们的造成生命危害。

2004年云南大学中一位名叫马加爵的在校学生连杀同宿舍中四人的事件轰动了全国，马加爵之所以会这么做，完全是因为他觉得其他四人不能够善待自己。马加爵一案中，他的四个室友以生命为代价告诫我们 “莫以恶小而为之，莫以善小而不为”，善待他人就是善待自己。

马克思曾经说过：“善待他人从微笑做起。”然而善待他人指的并非是简简单单地朝他人笑，它里面包含了很多内容：要理解他人，只有懂得理解他人的处境，理解他人的心情，才能懂得善待他人；要关心他人，我们唯有试着关心他人，真诚地关怀他人，才能做到善待他人；要尊重他人，人与人之间难免会有分歧，我们要学会尊重他人，也就初步做到了善待他人；要帮助他人，帮助他人的过程，就是善待他人的过程。

俗话说："投之以桃，报之以李。"我们只有懂得善待他人，他人才会善待我们，所以要想他人对自己好，就应该善待他人。那么我们应该怎么做才能够善待他人，才能打开他人紧闭的心门，与之和睦相处呢？

● 用"真诚"做钥匙

百度辞典中说："真诚是一种不加掩饰不加遮盖的透明，是一种没有面具没有虚伪的坦露。"在我们与他人交往时，只有用一颗真诚的心去体会别人，去关注别人，用真诚的行动去打动他人，感动他人，才能有沟通的可能。

● 用"宽厚博大的心"去容纳

我们要与人以诚相待，就不应该在别人冒犯我们的时候"以牙还牙"，甚至践踏别人的自尊，而是要以一颗"宽厚博大的心"去容纳别人的错误，去善待他人。

● 善于与人沟通

在与人相处的过程中，只有通过沟通，才能打开心灵之门，才能从沟通中获得信息，才能知道别人的喜好和所需。我们也只有在做好充分的了解后才可能做到善待他人。所以，我们要想善待他人，善待自己，就应该学会善于与人沟通。

【快乐之声】

人生是一个追求的过程，我们要不断地努力，不断地进步才能走向成功，这期间，有着许许多多的困难和阻碍。面对这些困难，我们只有善待他人才能获得别人的帮助，才能顺利解决各种难题，善待他人的过程不仅能够与他人和睦相处，共同营造良好的心情，还可以使自己获得帮助。

把好情绪“传染”给更多的人

在我们的生活中，有很多这样的人，他们以为自己情绪的好坏与他人无关，一旦不顺心，就会把情绪摆到脸上，挂在嘴边。心情好时，笑脸相迎，心情差时，冷言冷语。可是他们却不明白人心其实就像是一个瓷器，极易开裂，可能就是他无意中一个冷若冰霜的表情，或者是他突如其来的一句恶语，就会击碎别人的心，破坏别人对他的印象，引起别人的反感，导致他们在交际中的人缘越来越差，越来越孤立。

然而好情绪却能给人带来欢乐，带来喜悦，能够使人积极向上，能够给人带来健康快乐，能够使人产生灵感，能够化干戈为玉帛，能够化尴尬于和谐，能够使人在交往中营造一个快乐、温暖的氛围。情绪好的人会眉开眼笑，手舞足蹈，讲起话来神采飞扬，人们甚至可以通过这些情绪信号来彼此交流，建立和睦的关系，并在这基础上进行下一步的沟通。作为社会的一分子，如果我们每一个人都把好情绪“传染”给更多的人，不仅可以丰富我们自己的人生，同时还可以给别人带来欢乐，正如罗宾所说：“生活的秘诀就在于给予。”

有两个一同进入医院的病人，他们都患有肝癌，101号病房的病人每一天都乐呵呵的，尽管他已经知道了自己的病情，而对面102号病房的病人却是每天郁郁寡欢，唉声叹气的。

101号病房的病人不但每天早起锻炼，还要到各个病房同病友交谈一会儿，他也会到102号病房跟他分享他的好情绪，然后再回到自己的房间。他每走入一个病房，总是对人们说：“今天心情很好，希望你们也能够开心。”起初人们都以为101号病房的病人是临死前的恐惧，给自己壮胆而已，可是101号病房的病人却一直以好情面对别人，从没有间断过。其他病房的病人终于被他这种好情绪所感染，每天坚强地面对病魔。

几个月过去了，101号病房的病人到了预计死亡的时间，人们谁都没有叹息，也没有表示出一点他即将离去的表情，依然跟平常一样友好地跟他打招呼，没有给他带来任何的坏情绪。时间一天一天的过去，离预计他死亡的时间已经过去了一个月，101号病房的病人再次去检查时，却意外地发现癌细胞不但没有扩散，反而有减少的迹象，不止是他的病情有所减轻，还有那些被他的好情绪感染的人，他们的病情竟然都有所减轻。

医生对于这种奇怪的现象给出了这样的解释："或许是病魔被他们的好情绪吓倒了，也或许是他们把好情绪'传染'给了更多的人，更多的人分解了他们的痛苦。"

不管医生的解释合理与否，但是有一个现象是不可忽视的，那就是把好情绪传递给更多的人，可以给自己带来更大的快乐。

心理学的大量实验也证明了这个观点，轻松、愉快、乐观的好情绪不仅能够给自己带来快乐，还能减少内心的痛苦。轻松的好情绪能够给人带来舒适的感觉；愉快的好情绪能够给人带来欢乐；乐观的好情绪能够使人拥有平和的作风，能够聚敛人气，更能使人神采飞扬。如果我们独自享受这份好情绪，那么我们只能独享一份快乐，而如果我们能够把这种好情绪带给更多的人，我们不但能够与人和睦相处，我们还能够收获更多的快乐。

那么，我们需要怎么做才能把好情绪"传染"给更多人呢？

● 要保持自己的好情绪

我们必须保持自己有好的情绪，只有自己拥有了好情绪，才能做好情绪的"传染源"，才能通过交往的过程把好情绪"传染"给更多的人，与更多的人和睦相处，营造良好的心情。

● 跟更多的人交流

我们唯有以好情绪作为"传染源"，以交流作为传播的途径，才有可能把好情绪"传染"给更多的人，我们要在别人失意时带着好情绪跟他交流，让他告别迷惘，重拾自信，这样，他就会被我们的好情绪所"传染"，我们也能够与他在交流中和睦相处。

● 理解每一个人的心

有的人情绪不好是因为曾经受过伤害，我们只有理解他的痛苦，试着抚平他的伤口，用好情绪带领他走入新的环境，也许他的伤痛会减轻，也就会慢慢地被我们的好情绪所感染；有的人情绪低落是因为不自信，我们应该找到他们的优点，并给予一定的鼓励，他也就会从自卑的阴影中走出，被我们的好情绪所感染，理解每一个人的心，将好情绪“传染”给他吧。

【快乐之声】

我们的生活虽然夹杂着无奈和痛苦，但是假若我们能把好情绪“传染”给更多的人，用友善的态度对待周围的人，让这种好的情绪慢慢地传播开来，相信我们与他人的相处将会更加地和睦，我们的生活也能处处充满爱。把好情绪“传染”给更多的人这种给予是无价的，如果人人都能够无私地奉献出自己的好情绪，这个世界定然会比今天更美好。那就从我们做起，把好情绪“传染”给更多的人。

心理健康的情绪标准

人的不良情绪表现为持久的消极情绪和过度的积极情绪，这些会给我们的身心健康带来危害，同时也会影响我们的工作、学习和家庭等各个方面。我们要想在生活中做到顺心如意，就必须控制我们的情绪，调适不良情绪，保证我们的心理健康。心理健康指的是积极的情绪、适度的情感、和谐的人际关系、良好的人格品质等。心理健康的人能够充分了解自己，对自己有一个准确的定位，遇到困难能够控制和表达自己的情绪，让情绪保持稳定并能够很快地从挫折、失败中走出来。

著名心理学家麦灵格尔认为："心理健康的人应能保持平静的情绪，敏锐的智能，适于社会环境的行为和愉快的气质。"这里麦灵格尔所说的平静的情绪指的是人们对事物的变化所作出的反应，而一个心理健康的人也有着悲、忧、愁、怒的情绪，但是他们能够掌控自己的情绪，使自己的心情总是保持开朗、乐观，还能够使自己在人际交往中不至于因为这些而受到阻挠。

一名来自安徽中学的学生小郑，为了买苹果手机竟然卖掉了自己的肾，这个事件引起了轰动。这名中学生年仅17岁，他仅仅为了满足自己的对物质的欲望，就做出了这样荒唐的事情来。

小郑同学自己讲述说："当时特别想要一个苹果手机，妈妈又不给钱，恰巧网上一个陌生人说卖肾可以换钱，可以买到我心爱的苹果手机，当时我也犹豫了一下，但是转念一想，人有两个肾，卖一个就卖一个吧，我当时也没想那么多。"小郑并没有把这件事告诉他的妈妈，因为他害怕妈妈会唠叨他。

小郑的妈妈因为意外地发现小郑忽然多了个手机，而且是苹果的，于是就逼问他钱到底是从哪儿来的，为什么能够买得起这么贵的手机。

小郑这才说出了事情的来龙去脉，他妈妈听到后几乎都要晕过去了，没想到儿子一点都不重视自己的生命，只是为了满足一点点物质欲望就做出这么损害身体的事情来。

也幸亏他的妈妈发现早，才找到了当地的医院，了解了过程，把小郑送往大医院进行治疗。

如果小郑的妈妈没有及时发现，而小郑又因为卖肾时受到了感染却不自知，那么小郑失去的就不止是一个肾，也许是他的生命。有人说导致事情发生的原因在于孩子对安全没有意识；有人说是社会对孩子的教育没有做好；还有人说是家长没有满足孩子的需要。但是心理学家张筠女士却是这样说的："是因为这个孩子的心理不健康造成的，他不能及时地调控自己的情绪，把满足的情绪无限地放大，才导致出现这种结果。"

一个心理健康的人是不会因为一时的欲望而放弃健康的，更不会因一己贪念不顾生命，一个懂得掌控自己情绪的人能把无限的满足转变成无限的追求，能够使自己的心情保持平静愉悦，不攀名附利。而心理健康的情绪标准对于青年人来说是能够正确认识自我，调控自我，适应环境的变化，对一切充满了希望，却能够保持平和的心态。小郑正是没有达到这个标准才会糊涂地做出这种傻事。

那么，在生活中，我们心理健康的情绪标准又应该怎么把握呢？

● 要善于把情绪升华

一个心理健康的人能够化愤怒为力量，他们懂得愤怒的后果只能自寻烦恼，不如调控自己的情绪，把愤怒转化为奋斗的动力；一个心理健康的人能够合理地表达自己的爱，对过分的追逐有着自制的能力。只有能够做到情绪沉稳，能够把情绪相互转化，才能保持健康的心理，才能应付各种复杂的关系。

● 能够对情绪进行科学的管理

一个对情绪科学管理的人，知道把自己的情感投入到哪里和如何分配。比如，我们需要一件东西，我们就要看它是否在我们的购买能力范围之内，如果在，我们就能够接受，如不在，我们也会转念放弃。只有对情绪进行科学的管理，才能做一个心理健康的人，才能在与人交往中做到和睦相处。

● **增加愉快的生活体验**

我们要设法增加生活的情趣，增加我们愉快的生活体验，这样，即使遇到不愉快的事情，也不至于发生太过强烈的情绪反应。中国心理研究所发现，增加愉快的生活体验，不仅可以减弱坏情绪发生的频率，而且还会提高自己对坏情绪的免疫能力。

【快乐之声】

在生活中，我们每个人都会长大，虽然对于我们的成长没有具体的标准，但是对于我们的心理健康却有着一定的标准：做到情绪稳定。情绪稳定的人表现为乐观，心胸开阔，不为琐事而计较，不为恼怒而冲动，能够保持一颗平常心。对于我们成长的情绪标准则是：对于一定的事物变化能够引起情绪的相应波动，能够认识自己的情绪，控制自己的情绪，做到沉稳、理智，保持情绪成熟。

善于放弃和遗忘

巴尔扎克曾经说过："在人生的大风大浪中，我们常常学船长的样子，在狂风暴雨之下把笨重的货物扔掉，以减轻船的重量。"善于放弃，才能卸下人生的包袱，轻装上阵，驶向成功的彼岸。中国有位哲人曾说过："善于放弃是一种人生哲学；敢于放弃是一种生存魄力，更是一种良好心态。正所谓有所弃，才有所取；有所弃，才有所为。" 人世间有很多事情我们根本无法做到，我们也不必刻意地去努力，因为人生就是在不断得到与失去中穿行，只有懂得放弃才能收获更多。

这个世界有着太多的迫不得已和勉为其难，有些人，有些事曾经真的伤害过你，或许你自己也做过不可原谅的事，让你很伤痛，随着时间的流逝也许你的伤痛可以被冲淡，但却带不走你的记忆。其实任何人都知道，已经过去的事我们无法改变，哪怕才过去一分钟或一秒钟，可是大部分人还会为过去的记忆而烦恼，并陷入其中不能自拔，然而世上没有"后悔药"，挽救不了已发生的事，这个时候我们不妨学会遗忘，"不要为已倒的牛奶瓶而哭泣"。

在交际中，同样如此，我们只有学会远离一些自私的人，远离一些唯利是图的人；遗忘一些伤害过我们的人，遗忘一些无意中的过错，我们才能交到更多的朋友，才能与更多的人和睦相处，共同营造良好的心情。

亚伯拉罕·林肯是美国第16任总统，他之所以能够当选为总统，不只是因为他出众的才华，富于韬略的眼光，主要是因为他的人际关系网。

林肯在竞选总统前，曾经受到过一个参议员的羞辱。那是在一次演讲会上，林肯在讲述着他的人生观，却突然有一个参议员从椅子上站起来，说："你可不要忘了你只是个鞋匠的儿子，让你讲解怎么修鞋估计是你的长项，可是你却在这里大谈人生观。"

当时在场的所有参议员都替林肯捏把汗，参议院也陷入了一片寂静。

只见林肯朝着他笑了笑，似乎并没有反驳他的意思，说："我替我父亲谢谢你，谢谢你还记得他，我也会像你一样时刻记住我的父亲，我的父亲是个很好的鞋匠，我知道我一旦做了总统，就更没有时间学习做鞋子了，但是我父亲修鞋的技术真的很好。如果他在世，一定会帮你做一双最合脚的鞋子。"本来等着嘲笑林肯的一些议员，却给出了雷鸣般的掌声。

当林肯真的当选为总统后，那位议员跑来向林肯道歉说："我当初不应该羞辱你。"可是林肯却说："我已经忘记此事了。"之后还热心地对这位议员说："我之所以会结交这么多交心的朋友，是因为我善于遗忘。"

从林肯的身上我们学到了要想与他人和睦相处，就要学会遗忘。生活中，有些人会因为朋友无意中的一句玩笑话，家人的一个不满的眼神而痛苦，并深深地铭记于心，甚至还发誓不再跟这些人来往，导致自己身边的朋友越来越少，最后陷入孤立的地步。

俗话说："人有失手，马有失蹄。"谁都会有出错的时候，我们不可能要求别人不出错，但我们可以选择遗忘这些过错，学会用理智过滤自己思想上的杂质，保留真诚的情感。这样，我们就能结交到更多的朋友，就能在交际中做到与人和睦相处。

那么，生活中我们应该怎么做，才能够做到放弃和遗忘呢？

● 明白放弃和遗忘不等于懦弱无能

生活中有很多人认为放弃和遗忘就代表着无能，代表着懦弱，其实学会放弃和遗忘恰恰是在于懂得释怀，是人生的一种境界，所以说学会放弃不但不等于懦弱，反而代表着一种坚强。我们只要改变这种观点，才能学着放弃和遗忘。

● 懂得放弃和遗忘不意味着失去，而是另一种拥有

陶渊明弃功名从祥和，鲁迅弃医从文，比尔·盖茨弃哈佛从微软，释迦牟尼弃王位从佛学，他们在人生路上都选择了放弃，却收获了另一种成

功，有时候放弃并不意味着失去，而是另一种拥有。姚晨选择遗忘凌潇肃继续生活，拥有了另一种幸福；成龙选择遗忘练功时的痛苦，赢得了事业上的成功；他们在成长路上都选择了遗忘，却拥有了另一番美好。所以在生活中，我们要懂得放弃和遗忘并不意味着失去，也只有懂得这些，才会明白放弃与遗忘其实是最好的选择。

【快乐之声】

在与人交际中，我们不仅要学会遗忘，还要学会放弃，放弃一些伪装的朋友。金庸小说里的韦小宝，官至征远大将军，在屡次交战中却能安逸地活着，就是因为他懂得放弃结交一些对自己不利的人。卢梭也曾说过："我找不到一个完全献身于我的朋友，但我却必须有放弃惰性朋友的能力。"

生活的艺术就在于当面临抉择时懂得放弃，当受过伤痛后懂得遗忘。善于放弃，才能拥有一份成熟，懂得遗忘，才能更好地保留人生最美好的记忆。